图　解
珍藏版

张思莱

科学育儿全典

早期教育

张思莱／著

中国妇女出版社

CONTENTS

目录

CHAPTER 1 基础概念

CHAPTER 2 身体发展

CHAPTER 3 智力发展

CHAPTER 4 情绪情感

CHAPTER 5 行为与性格

CHAPTER 1

基础概念

早期教育是什么

Q 大家都在给孩子进行早期教育，很多人认为早期教育就是让孩子多学一些知识，开发孩子的智力。但我看到网上一些专家不认同这样的说法，那么早期教育究竟指的是什么？

A 从广义上讲，早期教育是指从出生到进入小学以前这段时期对儿童进行一定的有目的、有计划、系统化的教育。由于孩子到3岁以后开始进入幼儿园接受教育，因此大多数人认为，早期教育是指对0～3岁儿童的教育。目前，早期教育出现了一些认识上的误区，例如提倡“神童化”教育和所谓的“超前”教育，拔苗助长；片面强调智力开发，忽视素质教育；早期教育商业化等。产生这些误区的原因是社会上过分渲染竞争的残酷性、一些错误的理论、以盈利为目的的早教机构夸大其词的宣传、家长期望值过高等。原上海教科院家庭教育研究所所长李洪曾提出，儿童早期教育的主阵地应该在家庭，而不在早期教育机构。婴幼儿成长的主要环境是家庭。婴幼儿的成长靠的是家庭和早期教育机构的共同努力。

现实中，不少年轻的父母缺乏对早期教育的正确理解，认为早期教育去早教机构才可以完成，因此把自己应该承担的家庭教育的责任转移到早教机构。实际上，早期教育就在家庭生活的时时、事事、处处中，关键是家长要有早教的理念，因此家长随时学习和了解早教知识是一项很重要的工作。家长要认真学习育儿知识，在育儿的过程中与孩子共同成长。

2007年，召开了“儿童早期发展高

层论坛”大会。全国人大常委会原副委员长顾秀莲在这次大会上说，儿童早期是人一生中极为重要的发展阶段，这一阶段的发展奠定了人一生发展的基础。婴幼儿的发展潜能既是巨大的，又相当容易受到伤害。早期的成长环境、早期的教养关系、早期的生活经验对儿童发展产生的影响是毋庸置疑的。从身体的发育到大脑神经通路的形成，从认识能力到情感态度，环境的影响在胎儿期就已经开始，并且以一种不断累加的方式贯穿整个童年。

在这次会议上提出了“儿童早期综合发展”这一概念，应该说这一概念较“早期教育”的说法更为贴切。它包括对0～3岁儿童的智力开发、身体素质的培养、良好道德品质的培养、科学喂养和心理素质的培养等内容，指出此年龄段的孩子主要以家庭保教为主。

促进孩子早期综合发展要做到以下几点。

- 顺应孩子成长期的生理和心理发育特点和需求，选择最适合的教育方法；
- 提供丰富多彩的、与孩子相适宜的生活环境和条件；
- 加强对父母的教育，帮助父母掌握科学养育的理论和技能，让专业的早期教育成为家庭行为；
- 满足生长发育所必需的各种营养素；
- 选择符合每个发育阶段的适时、适量、适度的训练；
- 尊重儿童，理解差异，扬长补短，保证个性化的教育。

这正如联合国原秘书长安南说的，每个儿童都应该有一个尽可能好的人生开端；每个儿童都应该接受良好的基础教育；每个儿童都应该有机会充分发掘自身潜能，成为一名有益于社会的人。

父母的爱和陪伴，对孩子的成长至关重要

Q 我的儿子14个月了，从6个月开始跟奶奶生活。我因为工作，只能隔段时间去看他一次。但是，每次去，孩子跟我并不怎么亲。他爸爸在国外工作，更不怎么见孩子，导致孩子对爸爸很抵触。这样的状况对孩子的成长有什么不良影响呢？我该怎么办？

A 妈妈既要抚养孩子，又要工作，的确照顾不暇，因此隔辈人照看孩子在我国

是很普遍的事情。我觉得隔代人养育孩子有好处，也有坏处。隔辈人照顾孩子生活细致周到，富有经验，对孩子有耐心，充满了真挚的爱。但是，隔辈人往往也容易宠坏孩子，而且由于育儿知识不断更新，老人可能与之有不融洽的地方，不愿意接受新的知识，愿意遵循自己的经验保守而固执。这正如俄国作家屠格涅夫所言："人进入老龄，对自己的人生经验抱持着坚信不疑的态度。在接下来的人生旅途中，无论是畅通无阻还是障碍横亘，他不会追悔自己的每一个足迹，而是无怨无悔地走下去。"老人年龄大了，不爱活动，不利于孩子活泼爱动的性格成长，也不利于孩子获得更多的知识。隔辈人照看的孩子往往依赖性更强，生活自理能力差。

更重要的是，世间亲子间的感情最深。我建议，如果想给孩子完整的爱，还是应该父母亲自带孩子。从教育孩子的角度上，妈妈爸爸思想活跃，精力充沛，更喜欢接受新的知识，愿意鼓励孩子独立自主和自己的事情自己去办，有利于孩子好的行为习惯的形成，以及孩子学习交往和社会性的培养。因此，父母教育可能要比隔辈人做得更好一些。不要等孩子已经养成了不好的习惯，家长再去纠正，那时候对孩子的心理打击更大。另外，感情需要在日常生活中不断投入，才能获得丰收。尤其是亲子之间，孩子缺少和父母的感情交流和沟通，将来可能会与父母疏远，产生一定的隔阂，不利于孩子的成长，会为亲子今后的关系埋下隐患。所以，我建议将孩子留在父母身边，请隔代人来协助照顾孩子。父母上班的时候由隔代人照看孩子，下班后亲自来带孩子，给予孩子启迪教育，增进亲子之间的感情。

因为爸爸在孩子一生成长中起的作用非常大，可以给予孩子与妈妈不一样的教育，因此爸爸的缺席对孩子的成长是十分不利的。妈妈心比较细，生活照顾比较周到。爸爸在孩子小的时候，一般是通过身体运动与婴儿玩耍，喜欢带孩子做大运动的游戏。例如，婴儿时期"坐飞机"游戏，举高使孩子非常快乐；孩子大一点儿爸爸带孩子爬山等。爸爸是孩子非常好的游戏伙伴。爸爸也是孩子积极情绪的重要来源，因为爸爸给孩子的印象是刚毅、处理问题果断、充满了自信和进取的。同时，爸爸的存在有助于孩子早期对性别有更好的认识，也使孩子受到爸爸角色的影响，在处理问题时能够表现得刚毅、自信、独立、责任感、勇于冒险。另外，爸爸的社会交往和交往的技巧都深深地影响孩子，促进孩子更广泛认识自然和社会，孩子在生活实践中也会模仿爸爸。这一切对于提高孩子的求知欲、好奇心、想象力、创造性思维以及自信心方面都有着不可估量的影响，为孩子以后全面素质的提高打下良好的基础。父亲的这种固有的男性楷模作用是母亲不能替代的，所以父亲应该参与孩子教育，这对于孩子将来性格养成会非常有用。孩子不能长期在一个女性环境中成长，不利于孩子的性心理发展和性格的培养。不过，事情不可能总是两全其美，父母各有各的事业，如果爸爸实在太忙，不能陪孩子，我建议妈妈经常带孩子到有男性的地方，例如：回家和姥爷多接触，或者跟表哥、舅舅多接触，弥补这方面的缺陷。平时，妈妈应该多和孩子讲讲爸爸的故事，多让孩子看看爸爸的相片，多让孩子和爸爸通电话，尤其现在视频通话很容易，可以大大拉近父子之间的距离。妈妈还要多向孩子讲述爸爸对他的关心和爱护，爸爸是多么爱惜这个家庭，让爸爸的形象在孩子心目中是高大的，是引以为豪的，这样有助于父子感情的融洽。

育儿链接：如何弥补父母离异给孩子带来的伤害

父母离异肯定会给孩子带来伤害。孩子需要来自父亲和母亲双方的爱，这样的爱才是完整的。父母离异造成孩子得到的爱是不完整的、残损的。不管理由如何，这对于孩子来说都是残忍的，尤其他最亲近的人消失后，对于婴幼儿来说容易引起行为能力倒退，而且这种伤害是很难弥补的。其中作为孩子监护人的一方，容易产生一些错误的想法。有的家长对于离异给孩子造成的伤害感到愧疚，因此就总想补偿，开始溺爱孩子，造成孩子以"我"为中心，成为小霸王。还有的家长把孩子当成自己的出气筒，或者认为孩子是自己的累赘而厌恶或疏于管理。随着成长，孩子逐渐会感觉低人一等、孤独，产生自卑、自暴自弃的心理或攻击行为，甚至走上歧途。因此，希望父母要离异时，不但要考虑自己，更应该考虑孩子，不应该让孩子承担父母离异的恶果，这对孩子实在是不公平的。既然有了孩子就应该对家庭和孩子负责，即使不能在一起了，也要让孩子明白：

- 虽然爸爸妈妈分开了，但你还是我们的孩子，我们都是爱你的；
- 不要在孩子面前诋毁对方或者把孩子作为要挟对方的手段；
- 爸爸妈妈要共同肩负抚养孩子的职责，让孩子感到两个家都喜欢他；
- 要正确地教育孩子，不能溺爱、专横和撒手不管。

亲子班的利与弊

Q 现在的亲子班很多，我很想带孩子去参加学习，但又怕孩子小不适合，也学不到什么知识。请问孩子多大可以参加一些早期教育学习班?

A 现在几乎每个家长都认为孩子出生以后应该进行早期教育，其中还有不少家长认为对孩子进行早期教育指的就是参加亲子班学习。其实，亲子班的教育只是早期教育的一个部分。早期教育还应该包括家庭教育和社会教育，其中最主要的是家庭教育。在早期教育中，家庭教育是极其重要的，也是任何其他教育不可替代的。

亲子班是早期教育的一部分，是家庭教育的补充。亲子班教育有它的特殊性，是以孩子和他的父母共同作为接受教育的对象，并在老师的指导下进行互动。在父母和孩子的亲子互动游戏中，家长学会如何观察和了解自己的孩子，掌握亲子教育的方法与技巧，对孩子进行早期干预。亲子班的老师还指导父母及时发现孩子发展的潜能，实施相应的教育，促进宝宝更好地进行全面发展。同时，亲子班活动有利于父母和孩子做好情绪和情感上的沟通，促使父母和宝宝都有一个好心情，实现各自在情感上的满足，有利于更好地建立安全的亲子依恋关系，有利于婴幼儿从小形成健康的人格，以后更好地适应社会。父母在亲子班的活动中也促进了自身素质的提高和完善。因此，对孩子早期教育的过程也是父母和孩子共同成长的过程。对于独生子女来说，亲子班中有很多同龄的宝宝，为孩子提供了同伴之间进行良好社会交往的机会，有利于孩子交往能力的发展。孩子由依赖家长、被家长照顾、服从家长权威的不平等交往逐渐转为孩子间平等、公平、互惠、分享的交往，这是家庭环境所不能给予的，为宝宝将来的人际交往能力的发展打下良好的基础。同时，亲子班也为大多数没有育儿经验的父母提供了互相交流育儿经验的场所。上亲子班是对婴幼儿早期教育的补充途径之一，但是不能狭隘地理解为上亲子班才是对孩子进行早期教育。

如果条件允许的话可以与孩子一起参加亲子班，课程长度每次以1小时内为宜。这里我要提醒妈妈一下，国内的早教机构包括一些所谓的国际品牌的早教机构，存在着鱼龙混杂、良莠不齐的现象，因此选择一个正规的早教机构是比较重要的。个别人在利益的驱使下，抱着各种目的，急功近利，混淆概念，提出了一些违背孩子大脑发育自然规律的论点或言论。

正因为亲子班的特殊性，所以一个好的亲子班必须具备以下四大要素。

- 从业者必须有爱心。苏联教育家马卡连柯曾经说过，没有爱，就没有教育。作为亲子班的从业者必须爱孩子、热爱自己的工作，如果没有对孩子的爱，没有对职业的认同，再专业的人也无法做好这个工作，也无法被孩子喜爱。

- 具有专业的师资。亲子班的老师必须是对0～3岁婴幼儿生理、心理发育特点非常了解的人。师资的培训直接决定了亲子班的质量。

- 具有良好、干净的环境。亲子班的办学地点必须安全、环境适宜，具有卫生标准的房舍、设施和设备，同时消防设施齐全，使用的教具和玩具必须是无毒、无害的。

- 具有符合孩子生长发育规律的教学内容。亲子班的教学内容必须符合婴幼儿阶段大脑和心理发展的特点，必须采取因材施教、因人施教的教育方针。应该在带领孩子游戏和玩的过程中，教会或提升孩子的各项技能

如何让孩子爱上幼儿园

Q 我的孩子白天是爷爷奶奶给带着，娇惯得不成样子，每天追着喂饭，孩子还挑食偏食。我想还是早点儿让孩子过集体生活，可能对孩子成长有好处。不到2岁的孩子能送幼儿园吗？在选择幼儿园的时候需要注意些什么呢？另外，大人需要怎么引导孩子爱上幼儿园呢？

A 上幼儿园确实是父母非常关注的事情，很多父母问过我很多问题。就上述这些问题，我来详细地说一说。

送孩子上幼儿园的最佳时机

我建议孩子最好还是满3周岁再送幼儿园，原因如下。

亲子之间健康的依恋关系是婴幼儿社会性行为和社会性交往发展的重要基础。不到2岁的孩子对母亲（抚养人）有特别亲切的情感，当和母亲（抚养人）在一起时特别高兴，而且感到安全，能够安心地探索周围环境，而母亲（抚养人）离开时则哭闹不止。这个阶段是培养早期依恋发展的最好时期。当孩子2岁以后，才开

始逐步与同伴进行交往。如果孩子不到2岁就送幼儿园，孩子与母亲的分离容易造成比较严重的分离焦虑，孩子会反抗、哭闹、愤怒继而失望。虽然孩子以后可能接受了这个现实，但是可能会产生严重的心理负担。如果幼儿园的老师再关照得不好，孩子早期感情经历对他的个性发展可能造成持久的不良后果，对孩子今后建立良好的人际关系，进入高层次的情感发展也会产生不良的影响。

另外，2岁前的孩子各项基本生活能力比较差，不能很好地照顾自己，和大孩子在一起做任何事由于能力有限总是落后一步，孩子容易产生自卑心理。而且，孩子总是处于被别人照顾的环境中，这样发展下去也不利于孩子的成长。

按照国家有关规定，孩子入园的年龄应满3周岁，因为这个年龄的孩子在生理和心理上都适合入园后的生活和学习。如果家长希望孩子能够体验集体生活，可以带孩子参加一些早期教育学习班（或亲子班），最好也让父母或者隔代人陪同参加。在这里，孩子可以与其他小朋友接触，学习一些有助于孩子智力发育的知识和技能，家长也可以学习一些喂养和教育孩子的新知识，家长之间还可以互相交流育儿经验，对隔代人的育儿观念也是一个更新，为孩子将来送幼儿园减轻分离焦虑打好基础。

挑选幼儿园需要考虑的因素

选择一个好的幼儿园对于孩子来说是一件非常重要的事情，因为它关系到孩子今后身心是否健康，是否养成良好的行为习惯，孩子的社会交往能力能否获得良好的提升，是否养成做任何事情都能集中精力、认真负责等全面综合发展的能力。因此，家长需要全方位进行考察。根据《中华人民共和国未成年人保护法》和教育部制定的《幼儿园管理条例》，幼儿园办学地点要安全、环境适宜，有与学前教育要求相适应并符合国家规定的安全、卫生、标准的房舍、设施和设备。切记，不能以孩子在幼儿园能够提前学到小学课程作为考察标准。2018年教育部印发的《关于开展幼儿园“小学化”专项治理工作的通知》明确提出，对于幼儿园提前教授汉语拼音、识字、计算、英语等小学课程内容的，要坚决予以禁止。该通知还要求纠正“小学化”教育方式，整治“小学化”教育环境，调整幼儿园活动区域设置，合理利用室内外环境，创设开放的、多样的区域活动空间，并配备必要的符合幼儿年龄特点的玩（教）具、游戏材料、图画书。同时，家长要考察幼儿园的教学内容是不是尊重孩子“玩”的权利，所设置的课程和游戏是否能够调动孩子的主观能动性，激发孩子的热情，鼓励孩子积极思维和创新，是否能够进行个性化辅导，是否利于发现每个孩子的不同潜能。幼儿园老师自身素质、学历也是非常重要的，因为老师对孩子的影响可能要伴随孩子的一生。家长是否可以和老师及时沟通、交流孩子的情况，很好地协调双方的教育方式，也很重要。当然，距离家近、收费合理也在考察范围内。

孩子上幼儿园后常会出现的状况

孩子从家庭进入幼儿园，离开从出生以来依恋的亲人和熟悉的环境到一个陌生的新环境，见到陌生的老师和小伙伴，同时还要受到一些制度的约束，并且由以自我为中心受到万般呵护的环境，换成集体生活自己不再是被关注的中心的环境，巨大的反差，容易使孩子出现心理失衡，因此产生分离焦虑和恐惧不安的情绪。孩子可能会哭闹不停，甚至出现一些反常行为。

| 孩子抵抗力下降，经常生病 |

孩子没有送幼儿园之前，家庭对孩子关怀备至，照顾得非常周到，而且家庭的环境简单，接触疾病的机会少，所以孩子生病的机会少。当孩子被送去幼儿园，幼儿园的环境复杂，各种疾病的病原体也多，老师照顾这么多的孩子也会有疏忽的地方，即使没有任何疏忽，这么大的孩子因为免疫机制没有健全，其抵抗力较差，也会容易患病。有的孩子因为到一个他不熟悉的环境，看不到自己的亲人，往往幼小的心灵产生焦虑的情绪，也使孩子的抵抗力下降。而且，孩子感冒如果治疗不及时或者治疗不彻底也很容易继发扁桃体炎、气管炎或者中耳炎。其实，孩子每生一次病，就产生了对抗这种疾病的抗体，在机体和疾病的抗争中孩子的免疫机能逐渐健全。孩子在家里虽然生病少了，但是缺乏了这方面的锻炼。

一般来说，孩子3岁以后随着免疫系统逐渐成熟，抵抗疾病的能力逐渐加强，生病的概率就会逐渐减少。家长不要过分担心，疾病痊愈后继续将孩子送到幼儿园就可以了。同时，家长可以向老师建议，注意孩子之间的交叉感染，及时做好疾病的监控，及早隔离，做到室内空气的流通，尽最大可能减少疾病感染的机会。

| 把大小便解在裤子里 |

孩子刚上幼儿园时，周围的一切，如幼儿园的环境、老师、小朋友、卫生间等，对于孩子来说都是陌生的。孩子有了大小便可能不敢向老师提出，怕在不熟悉的卫生间大小便，怕小朋友笑话，不习惯在幼儿园规定的时间内大小便，因此会选择憋着不去厕所，或直接将大小便解在裤子里。有时甚至会造成功能性便秘，即大便潴留在直肠里，致使肠壁过度扩张，肠功能发生紊乱，孩子对扩张的肠壁丧失了感觉，难以形成有效的排便反射，导致失控的大便留在孩子的小内裤上。这些在内裤上的大便也可能是在结肠近端新形成的液体便从堵塞的远端结肠或直肠内堵塞的粪块周围或者缝隙间流出的。一般来说，失控的排便中95%伴有功能性便秘，因此家长和老师应该帮助孩子尽快熟悉幼儿园环境，给予孩子必要的关怀。孩子心情舒畅了，陌生感消失了，排大小便的问题可能就会很好地解决了。另外，家长和老师还要培养孩子上厕所的良好习惯，告诉孩子敢于说出自己的需求。当孩子能够自己排便后，要给予鼓励，让孩子对自己控制大小便排泄充满信心。

| 频繁上厕所或出现其他强迫行为 |

跟上面的情况刚好相反，曾经有个孩子妈妈说自己的宝宝上幼儿园之后，总是跟老师说要去小便，但去医院检查后又没有什么生理问题，医生说可能是一种强迫行为。其实，孩子刚去一个陌生的环境，面对所接触到的小朋友和老师，处处是他不熟悉的人，还要做他不熟悉的事，尤其开始过集体生活，不能适应这种环境，精神非常紧张。高度精神紧张造成孩子心理压力加重，可能导致出现强迫行为，所以孩子频繁地小便。孩子出现这种情况，可能与孩子原来的生活环境有关，即缺少与他人沟通的经验。这个时候，如果老师和家长责备孩子，会加重孩子的强迫行为。如果处理不当，会引起孩子危险的强迫症状。因此，在送孩子去幼儿园时，家长可以和老师沟通一下，先与孩子一起待在幼儿园，共同参与幼儿园的活动，疏导孩子紧张焦虑的情绪。同时，让孩子参与他感兴趣的活动，通过这些愉快的活动转移孩子要小便的注意力，以回避强迫行为并逐渐改正。由于幼儿阶段的孩子可塑性很强，当孩子逐渐熟悉了幼儿园的环境，感受到老师也是非常喜欢他的，并且感觉与小朋友一起玩很有乐趣，他就会逐渐建立起积极开朗的性格，强迫行为自然就消除了。

| 容易发脾气，人变娇气了 |

孩子的认知水平还不能理解和依恋对象是暂时分离这一事实，所以上幼儿园会让他感觉被抚养人抛弃，产生焦虑不安或恐惧的情绪。这些消极的情绪必然会影响孩子的行为。当这种消极的情绪积累到一定程度就要释放，有些孩子回到家中就向娇惯自己的亲人毫无保留地释放出来了，所以家长就觉得孩子的脾气变大了。一个时时处于焦虑不安状态下的孩子，他的食欲和睡眠也不会好。建议让孩子多接触丰富多彩的外界环境，接触更多的人，扩大孩子社会交往的范围，经过不断探索和认知能力的发展，孩子就可以逐渐习惯与依恋对象有一段暂时分离的时间，同时也有愿望与小朋友玩耍、交往。到那个时候，孩子就自然摆脱这种焦虑不安的情绪了。

引导孩子爱上幼儿园

在进幼儿园的前几个月，家长可以带着孩子多去幼儿园玩玩或者参加幼儿园办的亲子班，熟悉幼儿园的环境，多去接触同龄的小朋友，同时要鼓励和训练孩子自己学会穿简单的衣服和鞋，独立吃饭。3岁孩子能够完成的事情家长决不要代替，尽量减少孩子的依赖心理，也有助于孩子尽快熟悉幼儿园的生活。同时，对于一时还不能适应幼儿园的孩子要允许他宣泄感情，拜托幼儿园的老师给予一些照顾，让孩子感觉到幼儿园的温暖。对于刚离开家人哭闹的孩子以玩具和游戏方式转移孩子的注意力，家长也要注意自己分离焦虑的情绪（其实有的时候家长的分离焦虑比孩子还严重）不要影响孩子。另外，家长与幼儿园协商后，可以在幼儿园陪孩子一段时间，然后逐渐减少陪同时间，直至孩子完全适应幼儿园的生活。

不要盲目拿孩子和别人比较

Q 我的孩子已经1岁半了，其他同龄的孩子什么话都会说，还会说简单的歌谣，坐有坐相，站有站相，而我的孩子只能说自己的需求，只喜欢拿笔乱画或者搭积木玩。我的孩子是不是智力发育有问题？我该怎么做才好？

A 家长经常拿自己孩子的短处（有些甚至不是短处）去比别的孩子的长处，使自己信心不足，产生焦虑的情绪。如果家长再在不经意的言谈话语中流露出这种情绪，孩子就会受到影响，因为孩子对自己的评价是以别人的评价为准的，孩子可能认为自己就是笨而失去了进取的信心，久而久之会产生自卑的情绪，严重影响着孩子的进步。

现在一些家长误解了早期教育的理念，将小学的教育提前到幼儿园，将幼儿园的教育提前到婴幼儿阶段。这种所谓的超前教育实际上是拔苗助长，也违背孩子生理心理发育的规律。婴幼儿阶段主要应该在生活能力方面进行培养。孩子需要玩，需要游戏，在玩和游戏的过程中不断训练自己的各项能力和丰富自己的生活经验。孩子这么小，父母就向他灌输各种书本知识，让孩子整天处在机械记忆当中，使孩子的大脑丧失了储存各种信息的机会。可能有的孩子一开始表现得出类拔萃，但是由于缺乏生活等各项能力的培养，在上学以后，生活经验的缺乏和能力的不足逐渐显露出与同龄人的差距，而自己的优势已经不再是优势，那时孩子会产生严重的自卑，而成为一个平庸者。每个孩子都有自己的长处和短处，家长不能拿孩子的短处去比别的孩子的长处，也不能拿孩子的长处去比别的孩子的短处，要用平常心对待自己的孩子。只要孩子身心健康、奋勇向上，就是一个好孩子。

平时家长需要注意做到以下几点。

- 制定适度的培养目标。有了目标，家长就有了努力的方向，但是这个目标必须符合孩子大脑发育和心理发展的规律。孩子经过培养和自己的努力确实能够达到目标，而且在培养的过程中家长能发现孩子的潜能，进行个性化培养，有利于孩子成为一个有用之才。
- 培养孩子的自信心。孩子在做任何一件事情时都可能遭遇失败和挫折。这个时候，家长应该帮助孩子进行分析，鼓励孩子坚持将事情做好。对于孩子来说，原来不会做的，现在会做了；原来做得不好的，现在做得好了；别人不会做的，自己会做，这些就是孩子的一个个大的进步。家长还要给予表扬，让孩子对自己充满信心，更加乐意去不断地努力和尝试。
- 学会尊重孩子。孩子虽然小，但他也是独立于社会的一个个体，在人格上与家长是平等的，也需要被尊重。因为孩子幼小，心理发育不成熟，往往对事物不能做出正确的判断，因此家长不能用蔑视的语言讽刺孩子，使孩子对自己产生怀疑，在心里产生阴影，这将影响孩子的一生。

如何科学地看电视

Q 我的宝宝10个月了，特别喜欢看电视，尤其是看见电视里的小动物时，手舞足蹈。但看电视对孩子的眼睛有影响，也会影响语言的发育，可不让孩子接触电视也是不可能的，那么孩子应该如何看电视呢？

A 2岁以内的孩子正是人脑生长发育的关键期，也是与父母建立依恋关系的关键时期，父母的陪伴和与父母的积极互动，以及户外的玩耍对这个阶段孩子的健康成长十分重要。因此，家长应多带着孩子外出，开始学着与其他小朋友互动玩耍，发展孩子的社会化。这个阶段应多进行亲子阅读，让孩子从小喜欢上阅读。看电视是被动接收信息，它不会帮助孩子掌握生活技能，更不利于社会交往技能的发展。电视画面色彩鲜艳确实能够吸引孩子的注意力，但是电视荧光屏的光线时强时弱，画面快速、跳跃式的变化对于婴幼儿是很难适应的。可能会影响孩子视觉的发育。看电视也不利于孩子的语言发育和词汇的积累。

但是，完全杜绝孩子看电视也不太可能。孩子出生以后，要通过感觉器官来接受外界的各种刺激，进行学习，获得各种知识。看电视的过程也是通过视觉、听觉将电视中的信息传达和印刻在大脑里，可以给孩子带来一些好处。例如，由于孩子活动范围的局限，不能获得更多的外界信息，电视可以从另一条渠道让孩子获得更多信息，认识更多的事物，提高了孩子的认知水平。而且，孩子通过健康的电视节目，可以学习和模仿良好的行为习惯和相应的行为规范，了解和认识不同的社会角色，以及不同社会角色之间的关系，有利于孩子社会化的发展。另外，由于电视语言基本上是标准语，而且语言比较丰富、词汇量多，配以生动活泼的电视画面，有助于孩子语言学习、理解以及掌握词汇，能够使孩子迅速增加大量的词汇。

但看电视除了对孩子的视力有影响外，还会对孩子产生很多不利影响，所以家长需要注意以下几个问题。

- 1岁之内的孩子不能看电视，因为孩子的视觉系统还不能接受荧光屏强光以及瞬间变化的影像刺激（其实对于两三岁的孩子也是如此）。看电视时间长了，还会影响孩子的语言发育，导致肥胖。美国儿科学会建议父母和儿童看护人员严格限制或者完全禁止2岁以内的孩子看电视，对于年纪稍大的学龄前孩子，限制其接触各类媒体是十分适宜的。

- 避免长时间看电视，防止剥夺孩子接触大自然的机会，以免影响孩子全身各项功能的发育，因为长时间看电视会影响孩子的语言表达能力及社交能力的发展。

- 选择适合相应年龄段的电视节目，也可以选择一些引导动手能力的游戏片。不要让孩子看过于兴奋、恐怖、刺激性强的电视节目，以免影响孩子的睡眠，也不利于健康情绪发展。建议家长陪孩子看电视，在看的过程中根据情节提出一些问题，让孩子回答，促进孩子在看的过程中积极思考。《美国儿科学会育儿百科（第6版）》认为，父母在监管电子媒体方面要讲究策略，应充分发挥媒体的积极作用。到了2岁时，孩子能够从有教育意义的节目中获益，例如音乐、动作或者讲述小故事的节目，但被动地观看屏幕不能代替阅读、玩耍或者学习解决问题。有节制地观看节目能够帮助孩子发展特定的技巧，如有些节目可以向孩子介绍字母、数字和特定的生活技巧。

- 注意电视的音量，不要过大，不要有噪声，以免损害孩子的听力健康。

孩子玩平板电脑好吗

Q 最近，3岁的女儿特别喜欢玩我的平板电脑，这对她的健康有影响吗？

A 孩子眼睛发育的关键期在4岁之内，家长需要保护好孩子的眼睛，尽量不要让孩子玩平板电脑，因为孩子很容易上瘾，沉溺在小小的荧光屏上，不但造成眼睛疲劳，而且会伤害身体。

人的视觉神经通路在出生的时候就已经铺设好了，但是需要通过使用来建立回路，并逐渐发育成熟和健全。视敏度（俗称视力）到6岁时基本接近成年人水平。如果在视觉发育的关键期内，不能很好地保护眼睛，那么造成的伤害可能是终身性的。

具体来说，平板电脑和智能手机一样，快速变化的图像和相对较小的屏幕，以及在玩的过程中用眼十分专注，会让孩子的眼睛长时间专注在手机或者平板电脑的屏幕上，再加上三四岁的小孩视觉系统发育还不成熟，瞬间变化的图像刺激着眼睛，而孩子控制眼睛闭合的肌肉和控制瞳孔的收缩能力不如成年人，所以比成年人更容易产生视觉疲劳，而且还会占用户外活动时间，容易对眼睛造成伤害。

还有的家长把平板电脑作为早教工具和哄孩子的玩具，成为小孩的画画本和点读机。平板电脑的各种软件虽然设计巧妙，但由于都是平面图像，早教过程中依赖平板电脑，会削弱孩子对立体空间的认知。同时，由于孩子减少了与人的交往、与父母的亲子互动，孩子社会化的发展将受到很大影响。

但是，不让孩子接触平板电脑或手机是不现实的，平板电脑或手机可以作为早教的补充工具，却不能替代早教本身。家长应该抽出更多的时间陪孩子玩积木、拼图、插板等动手类的益智玩具，多与孩子做面对面的互动，经常带孩子到户外与大自然接触、与小朋友接触，增强孩子对于真实世界的认知和兴趣，提高社会交往能力。

孩子迷上平板电脑，首先应该反思的是父母。如果家长热衷于这些电子游戏，孩子会模仿家长的行为。一旦孩子上瘾，再去制止就很困难，所以家长需要以身作则。

建议3岁以后的孩子每天大约玩20分钟平板电脑就可以了，家长也可以利用这个机会训练孩子学会如何控制自己的欲望，有助于情商的提高。

如何结合宝宝生长发育规律来选择玩具

Q 孩子5个月了，我想给他买一些玩具。现在市面上儿童玩具很多，朋友告诉我，要根据孩子的年龄选不同的玩具，我听后还是不知道该怎么选。想问我该如何给孩子选玩具？

A 给孩子选择玩具确实要慎重，既要保证安全，也要确实起到提升孩子各项技能的作用，同时还要选择确实能够对宝宝进行早期教育的玩具。

给宝宝选择玩具的原则

- 一个合格的玩具首先必须具备我国从2007年开始执行的、国家认证的“3C”标志。3C是“中国强制认证”的英文缩写，是准许强制性认证产品出厂销售、进口和在经营性活动中使用的证明标记。
- 看准玩具适应的年龄段。
- 玩具必须有助于益智和发展运动技能。
- 玩具必须是安全的，不能给宝宝造成机体伤害，如机械伤害，包括棱角尖锐以及边缘粗糙、小零件脱落不牢固等，易造成孩子吞咽和塞进鼻孔、耳道等有空隙的部位，可能发生绳索缠绕，或者有小孔造成孩子手指插进嵌顿等。玩具不能有光、噪声的伤害，化学污染以及辐射、电气等伤害，制作材料安全。
- 玩具要经久耐用，便于清洁或消毒。
- 建议给孩子选择著名厂家的产品，这样在质量上比较有保证。即使去小商品市场给孩子买玩具，也要遵循以上的原则。

玩具对孩子的成长非常重要，是孩子的好朋友，而玩玩具是他们的“工作”。什么东西都可以成为孩子的玩具，一块布头、一堆沙土、几块泥巴，都能激发他们的兴趣，提高他们的认知能力，让他们玩得乐此不疲。不过，现在生活条件提高了，家长都乐意给孩子买各种各样的玩具。很多玩具品牌都有自己的研发团队，一款好玩具是根据孩子生理、心理发育的特点制作出来的，对开发智能、运动技能和社会化发展都大有益处。

根据宝宝的月龄来选择玩具

生命最初的6个月里，宝宝通过感知觉系统如眼睛、耳朵、嘴、鼻子以及皮肤来认识他生存的大千世界，同时他的运动能力开始从不随意到受大脑支配的随意运动，动作从不准确到准确，双手可以逐渐准确地进行抓握，满足自己的需求和兴趣。孩子逐渐学会了俯卧抬头、头竖立，3个月开始学习翻身，到了6个月就可以从仰卧到俯卧、从俯卧到仰卧，训练好的孩子还可以进行连续翻身。同时，他们的手眼动作逐渐协调，视听的神经通路已经能够很好建立，例如听到声音和熟悉的人说话可以用目光寻找和追视，甚至能够抓住移动的物体。孩子这些能力的发展要靠家长进行训练，也就是我们说的早期教育。如果训练正确的话，这些动作和行为不但可以按时学会，甚至有的动作还会提前发展。使用宝宝最喜爱的玩具进行训练就是最好的方法之一。

因此，对于半岁的宝宝，所选择的玩具必须能够对其感知觉进行刺激，以便引起他的兴趣和注意。例如，鲜艳的颜色、不同的质地、五颜六色的柔和灯光，优美的音乐和悦耳的声响以及活动着的玩具，都能引起他的注意和兴趣。兴趣是孩子学习的内动力，而注意是打开智慧的天窗，只有打开这个天窗，知识的阳光才能洒满心田。同时，宝宝使用的玩具还必须能够促进运动能力的发展，只有让他亲自操作，才能将他需要学习的东西掌握得更加牢固，成为己有，将更多的信息储存在大脑里，以便更好地适应生存环境。例如，刺激视觉、听觉、触觉以及视听结合的旋转床铃，可以抓握的各种摇铃，练习够物行为发生和因果关系的缤纷韵律健身器以及训练翻身和俯卧的踢踏爬行地毯，就都符合这些要求。当然，所选择的玩具必须是安全的，要避免尖锐的棱角及边缘、细小且易脱落的部件、强光和噪声的刺激，保护好孩子的身体和感知觉器官，尤其这个阶段的宝宝逐渐学会通过嘴去探索外部世界，开始什么东西都喜欢送到嘴里去吸吮和啃咬。

7～8个月时，宝宝已经能够独立坐得很稳了，家长就可以训练孩子爬行。开始训练时孩子腹部不离开地面而匍匐爬行，以后逐渐练习手膝爬行，促使孩子主动移动身体去外界探索。孩子活动范围扩大，认识了更多的事物，有助于认知水平的提高。孩子爬行时，全身各个部位都参与活动，有助于全身动作协调，促进小脑平衡功能的发展、大脑的发育，以及孩子感知觉的发展。此时的宝宝开始有目的地玩玩具，能够准确抓握和倒手东西。据此可继续训练孩子有意识地松开手放下东西，进而再训练他把东西放在不同的位置。教孩子学习对击玩具，继续练习捏取动作，从大把抓到拇食指对捏。训练孩子爬行时，妈妈可以使用一些玩具，在宝宝前面吸引他，引起他的兴趣，激发孩子爬行的欲望以满足自己的需求。有一些具音响效果或者宝宝拍打后能自行向前滑动的玩具也是不错的选择，它们和宝宝有互动，能激励宝宝追着它们爬。家长还可以创造有趣的爬行环境，比如爬行地毯，让宝宝有爬山洞的游戏感。

9个月～1岁时，孩子学会爬行后，可以训练孩子扶着站立并最终独自站立，还可以训练孩子扶着坐下、扶着栏杆迈步、扶着蹲下捡玩具。为了锻炼孩子下肢的力量，家长可以用一些工具进行训练，例如学步推车，为独立行走奠定基础。孩子从扶着栏杆或推着助步车行走（图1），逐渐学会独自站立或由大人牵着手走路。此时，孩子独立行走平衡还掌握不好，助步车可以帮助孩子更好地掌握平衡，并逐渐学会独立行走。孩子学会独立行走后，还可以拉着助步车到处玩，使孩子体会到自己的力量。由借助助步车走路到主动拉着助步车行走，是下肢运动的一个飞跃。孩子逐渐学会独立行走后，就可以满足自己探索的需要，能够获得更多的知识。这个阶段的孩子手的动作更灵活，可以使用拇食指捏起小东西，因此家长要注意训练孩子手的控制能力，如投物到小的容器或小孔里，翻书、双手配合玩耍、双击玩具、对套小桶、开关瓶盖等。近1岁时，孩子手的精细动作更加灵活，能够翻书，可以将物品放在容器中，也可以从容器中取出物体，拇食指对捏动作更加熟练，喜欢用食指戳小孔，可以模仿大人握笔涂抹，可以与他人互相拍打并滚球玩。

图1

逐渐地，孩子还能学会搭积木，最多可以搭起3层，可以玩套碗，如按顺序将小碗套进大碗里，也可以先大后小叠搭2层。

利用玩具对孩子进行早期教育

新生儿是在大脑未成熟的状态下出生的，父母遗传基因给孩子搭建了大脑的基本框架。出生后，大脑需要继续发育直至成熟。营养是大脑发育的物质基础。在大脑不断发育建构中，孩子从出生就开始了他的学习和体验的历程。孩子早期的经验，尤其是生命最初的3年所获得的经验将决定大脑的构造，他所经历的事物越有意义，越具有连贯性和趣味性，大脑就塑造得越精妙，孩子就越聪明。

要想新生儿或小婴儿进行“学习”，必须激发他的兴趣，因为兴趣是孩子学习的内动力。适宜的玩具是激发孩子学习兴趣的最好物品，也是对孩子进行早期教育的最好教具。因此，给孩子选择既能够激发孩子兴趣又适合该年龄段生理、心理发育特点的玩具就十分重要了。

小婴儿的玩具应该具备颜色鲜艳、悦耳动听、节奏鲜明、可抓可握、可以蹬踹的功能，并且可以安抚情绪，因为这个时期的小婴儿保持愉悦的情绪对健康成长是十分重要的。玩具必须安全可靠，首先要看有无国家产品安全认证标志（3C认证），最好选择著名厂家的产品，并且适用于相应的年龄段，所使用的原材料必须没有任何污染（包括光、噪声污染）、没有机械伤害、零件牢固并适合孩子啃咬。

不要让孩子回答更喜欢哪个家庭成员的问题

Q 爷爷和奶奶就喜欢问孩子最喜欢谁，孩子说喜欢爷爷，奶奶就不高兴。经过几次，孩子就得到教训，只要谁不在，就说最喜欢在场的一位。如果两个人都在场，孩子就不知道如何回答。总这样问孩子是不是对他很不好？

A 这个问题的确很难让孩子回答，即使大人回答也是要费一番心思的。如果孩子凭自己的感受说出喜欢其中的一个人，可能另一个人会不高兴，孩子还会遭到谴责。如果让孩子违心地说也喜欢另一个人，实际上就是让孩子学习说假话，孩子就会认为说假话不但不被批评而且还会得到表扬甚至奖励，这就在孩子幼小的心灵中埋下了一颗不诚实的种子。实际上，这么大的孩子不会全面理解大人的心思，也就是说，孩子不会站在别人的立场上去考虑问题，他只是凭感性的认识去看问题和分析问题，家长在这个时候应该正确引导孩子。

首先家长不应该提出这个问题，因为这个问题往往会使大人和孩子都陷入尴尬。如果碰到这样的问题，也不要回避，关键是怎样引导孩子去回答。孩子的判断往往是哪个人经常能够满足自己的要求，他就喜欢谁。而另一个人可能是从一个不被孩子发现的角度去关心孩子，孩子就可能不喜欢他。孩子的思维就是这样简单，这是婴幼儿时期思维特点所决定的。这时，妈妈可以跟孩子说："其实爷爷奶奶都喜欢宝宝，爷爷经常带着宝宝去公园玩，而且也喜欢给宝宝买玩具，和宝宝一块玩儿，宝宝当然喜欢爷爷了。奶奶因为腿脚不方便虽然不能带宝宝去外面玩，可是奶奶在家中给宝宝做了这么多的好吃的，让宝宝一回家就吃上好吃的，宝宝说奶奶好不好？宝宝是不是应该好好感谢奶奶？去亲亲奶奶！宝宝长大以后要好好孝顺爷爷奶奶。”引导孩子去发现别人的优点，也是提高孩子情商的一个好机会。这样处理的结果是孩子大人皆大欢喜，而且还让孩子学会全面看问题，提高了孩子的社交能力，也是一种感恩教育。

CHAPTER 2

身体发展

宝宝的五感教育

Q 现在大家都说，孩子一出生就应该进行早期教育，请问新生儿如何进行感知觉方面的教育？

A 孩子一出生就应该开始教育。人类出生时大脑发育是不成熟的，需要继续发育，神经细胞才能功能健全。除了需要满足营养，还需要外界给予一定的刺激，大脑才能建立更多的神经通路，来应对外界对他的各种刺激，以适应赖以生存的大千世界。这就需要孩子不断学习与体验。不要忘记，孩子天生就是一个学习家，因此家长掌握正确的早期教育手段，对于新生儿来说是十分必要的。新生儿的早期教育就是要给予五官和皮肤感知觉方面的刺激。

- 视觉。新生儿喜欢简单的线条和轮廓鲜明、颜色对比强烈的图形，如环形和有条纹的黑白图形，喜欢看人的脸，最佳视物焦距约20cm，太近或太远都看不清楚。而且，孩子能记住所看的东西，所以需要不断变换，引起他的兴趣。因此，家长要选择满足以上要求的玩具给予孩子视觉上的刺激。

- 听觉。孩子一出生不但能听声音而且对声音有定向力，也就说明出生时就已经完成了视听结合的神经连接。孩子喜欢听母亲的声音与柔和的声音，拒绝噪声。妈妈可以利用这段时间多和孩子说话，让孩子听优美的音乐。

- 触觉。孩子的皮肤、嘴、手、脚是触觉的器官，而嘴和手是最灵敏的部位。新生儿可以对温度、湿度、物体质地和疼痛有感受能力，所以不应该给孩子包“蜡烛包”、戴手套，让孩子的手脚能自由活动，并感受外界。可以多给孩子做新生儿抚触，用各种质地的玩具刺激孩子的皮肤和手脚，如毛巾的、绒毛的、木头的或金属的。发育早的孩子1个月末开始吃手，这是孩子探索外界的一种形式，也是在寻求安慰。吃手是情感发展的需要，不要制止，但是一定要洗干净手。

- 味觉。新生儿有良好的味觉，喜欢甜味，对于咸味、苦味、酸味不喜欢。适当的时候，家长可以对孩子进行不同味道的刺激，让孩子味觉记忆仓库更加丰富。在这个阶段不要养成孩子吃甜味的习惯，否则孩子就不接受其他味道了。

- 嗅觉。刚出生的孩子能分辨不同气味，经过几天的母乳喂养，孩子就能够分辨自己母亲的气味，对有母乳气味的物件表现出很大的兴趣。经常让孩子闻闻各种气味有助于提高孩子对气味的分辨能力。

总之，要抓住这段时间给予孩子感官最佳的刺激，促进孩子感觉器官的发育。

何为肢体运动智能

Q 怎样才能开发婴幼儿的肢体运动智能呢？

A 我到全国各地讲课，经常听到一些家长抱怨孩子没有一刻消停的时候，只要醒着，就好像上了发条一样，不停地动，不是摸摸这儿，就是踢踢那儿。有的孩子还喜欢摔打玩具，甚至破坏性地拆卸家中正在使用的物品。为此，家长感到大伤脑筋，不由得发出感叹：“我的孩子是不是多动症？怎么就不能好好坐下来学习呢？”

其实，孩子1岁以后学会了行走，认知能力也有很大的提升，对周围世界的好奇心愈发浓厚。思维和语言的发展，促使他们更喜欢到周围环境探索，并从被动接受变成主动探索，因此处于好动阶段。但是，由于神经系统发育不完善，动作不灵活，平衡感掌握不好，孩子可能一伸手抓拿玩具，就毁坏了东西。如果没有大人看着就像孙悟空大闹天宫一样。有的家长不喜欢这样的孩子，认为他们不乖、淘气。而这时的孩子自我意识刚刚萌芽，又学会了简单的语言，他们强烈希望自己能够成为一个独立个体，脱离大人的束缚，开始喜欢用“不”来回答家长的管束。如果大人不允许孩子乱跑乱动，孩子反而动得更厉害，让家长感到十分恼火。

实际上，好动是孩子的天性，也是孩子开始进入某个学习成长阶段的象征。

在生活中，对老师在课堂教授的知识，有的孩子不能很好地理解记忆，但是通过同学将其内容作为一个情景剧来表演，孩子就会很快消化记忆了。我们也发现，有的孩子对老师讲的内容不感兴趣，可是对于音乐、美术、舞蹈以及球类兴趣十足，甚至表现得十分出色。为什么会这样呢？其实这些都与肢体运动智能有关。

哈佛大学教育研究院的霍华德·加德纳教授对人脑结构进行了大量的科学研究，提出了多元智能理论，认为人类有多种智能。其中，肢体运动智能是多元智能中的一种，是最早发生的。肢体运动智能就是善于运用整个身体来表达自己的想法和感觉，能用双手灵巧地生产和改造事物。也就是说，这是运用整个身体或身体的一部分解决问题或制造产品的能力。它包括两种主要能力：一种是善于以技巧控制自己身体的动作，如运动员和舞蹈家；一种是善于以技巧控制身体以外的物体，如画家、雕塑家、外科医生。这项智能主要是中枢神经系统有技巧地支配全身的大小肌肉，如平衡、协调、敏捷、力量、耐力、柔韧、弹性、速度等，以及由触感所引发的能力，如跑、跳、投、攀、爬等。

孩子出生后，外界的一切深深地吸引着他，孩子生活的每一天都在学习，将所接触到的一切信息储存到自己的大脑中。而利用肢体的运动、肢体语言去接触外界的一切，是孩子学习的一个最主要手段，即活动就是学习。孩子通过视觉和听觉学到的一些知识只有通过运动、触摸和操纵物体，才能加深印象和巩固所学到的知识。科学家统计，孩子听到的知识当时只能记住10%，看到的能够记住50%，可是孩子通过自己动手操作后就能够记住100%。婴幼儿动作的发展及心理的发展与智力的发展是密切相关的。在婴儿时期，由于语言能力的限制，心理发展的水平更多的是通过动作表现反映出来的，也就是说，心理的发展离不开动作和活动，只有动作发育成熟了，才能为其他方面发展打下基础。

其实，孩子从胎儿阶段就具备了发展肢体运动智能的条件。运动从胎儿开始。在妈妈的子宫里，胎儿可以活动手脚，可以做吸吮的动作，甚至可以吃小拳头。而且，支配各种运动的运动神经和感觉神经的髓鞘化在胎儿时期就已经完成，但需要出生后进行不断训练才能发展完善。

在支配人的一切活动的中央司令部——大脑皮质的功能区里，支配人的上下肢、手、脚甚至脸部运动和感觉的皮质占据了绝对的位置。这说明人在胎儿时期，大脑的结构就已经具备了发展肢体运动智能的可能性。对于孩子来说，肢体运动智能的发展就是运动能力发展的过程。

婴幼儿肢体运动智能发展的四个阶段

运动关键期。从出生后至1岁，孩子学会翻身、独立坐、爬、行走，手脚协调能力逐步提高，可以拿到自己想要的物体；初步认识到大拇指的作用，并与其他四指分工，能够掌握“握”这个动作，可以捡起一些细小的物体。需要注意，在这个阶段孩子不能站或坐的时间过长，以免造成孩子驼背、含胸、罗圈腿。

运动协调期。1～2岁，孩子身体运动更加协调，逐渐掌握原地跳、兔跳、跑、爬楼梯；手的协调动作进一步发展，开始学习使用工具，经过自己探索，模仿成年人，最后能够按工具的特点独立简单地使用工具。家长要热情鼓励，大胆放手，让孩子学会自己用勺吃饭，同时也需要注意安全，防止意外伤害。

运动技能学习期。2～4岁，孩子的身体各部分动作已比较协调，能维持身体平衡和动作的准确度，掌握大部分大动作和精细动作，也是孩子学习运动技能的最好时期。家长要鼓励孩子掌握单脚跳、跨越障碍物、接球、骑三轮童车、骑自行车等大动作，同时也注意让孩子练习画圆、剪纸等精细动作。

运动整合期。4～7岁，孩子身体运动各部分开始整合，发展高技巧性与高复杂性的整合性高阶功能，并发展相当程度的社交能力。

总之，学龄前儿童动作发育规律是动作的发展落后于感觉的发展；动作发展是从整体到分化，从不随意到随意，从不准确到准确；动作发展的顺序是从上到下，从中心到外周，从大肌肉到小肌肉。

意大利教育家蒙台梭利在教育实践中发现，儿童在某一时期会对某些技能表现出特别敏感，她把这个特异性的时期称为敏感期，同时认为6岁以前是孩子动作发育的敏感期。因此，要发展孩子的肢体运动智能，必须在学龄前让孩子的大运动能力和精细动作能力很好地发展起来。家长需要大胆鼓励孩子，同时要注意孩子的安全，防止意外损伤发生。

各年龄段大运动和精细动作发育发展过程

时间	肢体运动发展
0～1个月	头竖立3～5秒钟，给予新生儿感官（视觉、听觉、触觉等）、触摸（被动运动）刺激，训练孩子紧握着的手张开。
2～3个月	**大动作** 俯卧，举头、头竖立、抬头，有翻身的意识，可以进行触摸或抓握训练，可以给孩子做婴儿操，帮助翻身，刺激够物行为发生，让孩子的动作从不随意到随意。

续表

时间	肢体运动发展
4～6个月	**大动作** 头部：俯卧，抬头90°，经过训练可以一手支撑自己并自由摆动头部，伸一只手拿东西。 翻身：由家长帮助逐渐变成自己翻身，从仰卧到侧卧、从侧卧到俯卧，以后可以连续翻身。 坐：5个月训练靠坐（注意时间不能过长，防止脊柱弯曲），6个月训练独坐。 脊柱、颈椎灵活性：孩子竖抱时，另一个人可以在孩子背后逗孩子，引起孩子转身。 **精细动作** 训练准确抓握，手眼动作协调，可以开始训练拇指与他指对捏，继续训练够物行为。
7～9个月	**大动作** 独坐：7个月独坐片刻，9个月稳定独坐和动作协调，可以坐着吃东西，会转身。 爬：由原地打转或向后退发展成腹部不离床面，再发展成匍匐爬。 扶站：拉着床栏杆和他人的手从仰面坐起并站立，或双手放在腋下站立，但是时间不能过长。 直立跳跃：告诉孩子“跳跳”，随着孩子跳动的节奏给予不同的支撑力度，掌握跳动技巧和锻炼下肢跳跃的力量。 语言和动作的关系：通过语言告诉孩子打打球，踢踢球。 **精细动作** 捏取，从拇他指过渡到拇食指准确捏取；双手玩玩具，学会传递物品或对击玩具。
10～12个月	**大动作** 站：可先扶站以后独站。 走：扶栏杆行走，从站立到坐下。 **精细动作** 投入、扔：训练手的控制能力，将手中的物品投入到容器或小孔里，模仿大人用手能力，如搅动杯中物、开盖关盖、扔物品。
1～1岁半	**大动作** 独立行走，独立活动，训练孩子身体灵活性，侧着和倒退走。 **精细动作** 动手做游戏、搭积木，拿笔插各种笔帽，训练手的灵活性。 涂画：教孩子学会乱涂画。 学会翻书找自己喜欢看的东西，撕纸，学会使用勺。
1岁半～2岁	**大动作** 扶栏上下楼，跑步，给孩子创造机会，使其较好地控制平衡。 **精细动作** 动手更复杂，训练手的灵活性，搭积木、拼图、折纸、穿珠子。 画画：训练肌肉协调能力，如涂鸦、画圆和放射交叉状线；模仿大人画出准确一笔，如横线或竖线。
2～2岁半	**大动作** 独立上下楼，独脚站立；训练身体的稳定性及下肢支持能力；如双脚跳；训练身体动作灵活性和协调性，如踢皮球。 **精细动作** 继续训练折纸、画画、搭积木，双手控制自如可以模仿成人，双手动作协调、准确，自己吃饭，双手倒杯子里的水。
2岁半～3岁	**大动作** 跳高，跳远，更稳地独脚跳，双脚交替跳和上下楼，骑小三轮车，训练动作协调力量均衡。 **精细动作** 拼插玩具，剪、折纸，画图填色，画无规则的圆形，模仿画垂直线，会自己穿袜子和鞋，发展好的孩子可以自己扣扣子。

续表

时间	肢体运动发展
3～4岁	**大动作** 单脚跳和单脚站立至少5秒；独脚向前跳1～3步，蹦跳；没有人帮助可以上下楼；可以向前踢球；将球扔出手，多数情况下可以抓住跳动的球；灵活地前后运动。自控、判断和协调能力仍处于发育阶段，必须注意监护。 **精细动作** 可以画圆形、方形和由2～4部分构成的人体；可以使用剪刀；可以搭9块以上的积木；进行简单的8～12块的拼图游戏；开始使用一些工具，如真正的螺丝刀、小榔头等；训练使用筷子。
4～5岁	**大动作** 单脚站立10秒钟以上或更长的时间；能快跑、单脚跳或翻跟斗；走10cm宽的平衡木；摇摆或攀爬；可以跳过20cm高的物体；可能会跳绳、跳蹦床、荡秋千。 **精细动作** 模仿画三角形或其他集合图形；画的人有头、身、两臂、两脚；可以书写一些字母，写数字1～20，临摹简单汉字；独立穿脱衣物；会使用筷子。
5～6岁	**大动作** 能协调身体的基本动作；独脚向前跳8～10步，跳远；平衡能力加强，可以滑轮滑、滑板车，骑两轮自行车；拍球和扔球；双脚跳过30cm高的物体；配合音乐舞蹈。 **精细动作** 可以剪正方形、圆形、三角形；画一个穿衣服的完整人像；自行写名字；完成复杂的点线图；用绳打结。

但是，每个孩子运动能力的发展是不一样的，可能有的孩子某项运动能力比其他孩子提前掌握，也可能比其他孩子推后掌握，但是一般不应相差2个月以上。

育儿链接：4个月的宝宝为什么不会用手指指东西

有个妈妈问我："我的孩子4个月了，还不会用手指指东西。我看书上说把小手帕放在孩子脸上，孩子会用手把小手帕拿下来，可我家宝宝做不好。但宝宝其他都很正常。请问我的宝宝是不是有什么问题？"我想告诉这个妈妈的是，孩子才4月龄，如果训练得当，能够准确抓握，但抓握时多为全掌大把抓握；手眼动作会比之前更加协调，可以准确抓住移动的物体；可以倒手玩具。让孩子更好地体验手的工具作用，也是孩子生活自理的一种初步体验。但是，4个月的孩子每个手指的功能还没有进一步分化，当然不会用手指物了。他可以用目光巡视别人让他找的东西。将小手帕放在孩子的脸上，孩子可能有拿开的意识，但是由于动作不协调和不准确，所以就可能拿不好。随着孩子逐渐发育，孩子的动作就会进一步熟练，到时孩子就会准确拿掉盖在脸上的小手帕。每个孩子精细运动的发展是有差异的，孩子的成长需要一个过程，妈妈不要着急，慢慢来。

能提前训练、发展孩子的大运动能力吗

Q **孩子4个月了，我扶着，他为什么还是没有办法站稳呢？我该如何训练他站立呢？**

A 4个多月的孩子即使有人扶着，也不可能站稳。这是因为人类动作发展的顺序是从上到下（从头到脚）、从中心到外周（从躯干到四肢）、从大肌肉到小肌肉（从大运动到手的精细运动）。而且，婴儿从胎里带来的原始反射，如踏步（迈步）反射在生后2～3个月消失，安放反射大约在生后6周消失。4个月的孩子在其大运动发展进程中应该是训练翻身时期，而后相继是练习坐、爬、站立、走。不能将8个月左右才能发展的扶着腋下站立或跳跃的动作，提早到4个月去做。孩子生长发育必须遵照其发展的规律，任何人不能违背。更何况现在练习站立，孩子的双下肢不仅不能支撑全身的重量，还会加重下肢的负担，时间久了会引起下肢发育畸形。如果宝宝7～8个月时由大人扶住腋下，他还不能站立，两脚向上蜷缩不能着地，或者双下肢肌肉强直，脚尖着地，双腿交叉等，建议去医院做检查。

孩子为什么总吃手

Q **我的宝宝2个半月了，最近他总是舔拳头，有时隔着衣服也舔得很带劲。这两天突然喜欢吐舌头，大人越制止他吐得越厉害，还显出很高兴的样子。不知道宝宝这样要紧不要紧？孩子姥姥说这是坏习惯，一定要早纠正，可现在能纠正过来吗？**

A 2个月的宝宝舔拳头表示他在智力方面又有了一个新的进步，因为孩子吃手必须经过两个过程：一是将手先放在眼前晃动，给自己的视觉带来刺激，开始认识手；二是经过大脑皮层的指挥，学会将手准确地放在自己的口腔内进行吸吮。这样孩子便完成了手—眼—脑功能的协调，开始把手作为一个工具使用。

另外，0～6个月是孩子感知觉发育的

关键期，他会通过吸吮手来探索和认识外面的世界（但还不知道手是身体的一部分），满足自己情感的需求，获得安全感。这是一种自我安慰行为，也是孩子发育过程中的一个必然现象，在孩子的心理发育上起着很重要的作用，所以不用纠正。

舌头是集感觉和知觉为一体的器官。新生儿期，孩子就可以通过模仿成年人学会吐舌头，这也是孩子探索外界的一种方式。个别牙齿发育早的孩子，在2个多月时可能因为乳牙在牙龈里发育引起口腔不适，出现吐舌这个动作。制止这个动作对于2个月的孩子是不起作用的，因为他还没有形成记忆力。

不过，如果孩子在吐舌头的同时，还出现哭闹、不敢吸吮奶头，就要注意孩子是不是口腔内出现问题，家长要仔细检查。

这里提醒家长注意以下几个问题。

- 由于孩子喜欢吃手或吸吮其他物体，所以清洁问题很重要。家长要将孩子一切可能用来吸吮的物件清洗干净并进行消毒，勤给孩子洗手，预防病从口入。孩子身边不要放置有毒有害的物体，避免孩子误食、误吸，出现意外。

- 对于1岁多的孩子，应该尽量减少吃手或吸吮其他物体的机会。平时让孩子吃饱吃好，不要养成吃手的习惯。细心照料和关心孩子，分散孩子吃手的注意力，将他的兴趣引导到其他地方。

- 如果孩子3岁了还吃手，就需要给予纠正，以免形成不良习惯。长期吃手或者吃安抚奶嘴的孩子，会造成牙齿咬合异常，例如上下门牙无法咬合、上牙突出形成所谓的龅牙，或者因为吸吮手指导致脸颊肌肉收缩，压迫上腭，腭骨变窄，使上下牙咬合不良。

纠正吃手的方法如下。

- 家长先要反思自己是不是给予孩子的关怀和体贴不够，让孩子没能获得足够的安全感。另外，家长不要态度粗暴、生硬地制止孩子吃手，使孩子产生恐惧心理。这种做法只能起到强化这个坏习惯的作用。

- 转移孩子的注意力，淡化吃手的习惯，使已形成的坏习惯逐渐减弱消退。

- 多带孩子出去游玩，让孩子在五彩缤纷的世界里获得知识，增长见识，逐渐忘记原来的坏习惯。

如果还是纠正不了孩子吃手的习惯，在4岁前一定要去医院牙科就诊，采用心理辅导以及使用矫正器进行纠正。

将近1岁的孩子为什么喜欢反复扔东西

Q 我有一个10个月大的女儿，特别喜欢拿着玩具往地上扔，让我们捡给她，但捡完后她又会扔到地上去，而且还看着我们哈哈大笑。我们要是不给她捡，她就大叫。这是怎么回事？

A 这是孩子动作发展的一个特点。孩子在10个月左右开始有这些动作，我们叫重复连锁动作。这个阶段孩子有了自我意识，对周围世界充满了好奇，需要去探索，实际上这也是孩子学习的一种方式。孩子通过扔玩具让别人捡，体验和证明了“我”的力量，这是孩子自我意识的一种表现。孩子听到玩具落地的响声，明白了因果关系。家长捡回玩具给孩子，孩子认为这是家长在和他做游戏。这种生活体验是孩子发育过程中不可缺少的。如果家长因此训孩子，孩子学习的积极性受到打击，他就不敢再进行这种体验。从心理学角度来看，这样很容易造成孩子恐惧胆小，不敢探索，丧失自信心，也减少了孩子获得知识和体验的机会。家长应该利用孩子发育的这个特点有意识地让孩子去体验。例如，我们可以给孩子不同重量的东西或玩具（当然是经得住摔的玩具）让他去扔。不同重量的玩具扔得远近不同，落地的声音不同，不同材质的物品落地的声音和速度也不同，当然孩子使的劲也不一样。虽然孩子不明白其中的科学道理，但是这些表面现象也促使孩子去思考，并学会了与他人的互动。这种生活的体验和认知外界的信息会储存在他的大脑里。

不要认为孩子这是在折腾家长，这是一种很好的早期教育。

左利手需要纠正吗

Q 我的女儿已经3岁多了，写字、画画、拿筷子，都是用左手，几乎不用右手。我要求她右手拿筷子和握笔，告诉她用左手会被人笑话，她却不听。请问左利手需要纠正吗？

A 手是人类认识事物的器官，是使用工具和制造工具的主体，又是人类智力水平的最好体现。人的才智主要是通过双手表现出来，而双手活动又反过来促进人的智能发展。在大脑皮层功能区中，手部动作占有相当大的位置。大多数人的生理自然属性（占95%以上）习惯用右手做事，也有一小部分的人习惯用左手做事。使用右手可以直接刺激左脑，使用左手可以直接刺激右脑。左利手的优势半球是大脑右半球，它是发挥创造性和综合判断能力的关键，所以常常被看作天才的象征。

孩子在6岁之前生活在一个以右脑为主的世界里，使用左手有利于右脑的开发。同时，使用左手的孩子对一些运动反应迅速，如用右手打乒乓球，当左脑接收这个信息，还要通过神经传导到右脑（因为右脑是负责运动的中枢），经过右脑处理后反馈信息到左脑，然后发出指令给右手做出反击；但是左手运动员是将信息直接传给右脑，经过右脑处理后反馈信息直接传给左手，做出反击。左手运动员反应速度比右手运动员快5‰秒，所以左手运动员往往是体育竞赛中的秘密武器。

如果家长强迫孩子改用右手，使孩子已经建立的大脑优势半球从右侧改为左侧，造成大脑中的语言中枢混乱，容易出现口吃现象，甚至导致唱歌走调，发音不准，容易使孩子产生胆小、自卑心理，不利于孩子心理健康成长。最好的办法是顺其自然，宽容对待现状。对于使用左手的孩子鼓励他多用右手，对于优势手是右手的鼓励多使用左手，这样孩子左右手同时使用，更有利于孩子全脑开发，变得更加聪明。

如何训练孩子翻身

Q 我家宝宝2个多月，是不是马上就可以训练孩子翻身了？

A 翻身可以训练孩子脊柱和腰背部肌肉的力量，训练身体的灵活性。通过翻身，孩子还可以从不同的角度来看外部世界，既扩大了孩子的视野，也提高了孩子的认知能力。

孩子在3个月可以开始练习翻身，不过只是让孩子感受翻身的动作。4～6个月才是真正训练翻身的时候。多数孩子6个月时能熟练地从仰卧翻成俯卧位，有的孩子可能延迟到8个月才完成。

训练翻身时，先将孩子的右臂上举（或者紧贴在胸腹的右侧），把孩子的左腿搭在右腿上，扶着孩子的左背部，轻轻向右推，孩子整个身体就向右侧翻身180°呈俯卧位，再扶着孩子的左肩和左臀部，轻轻向左推，孩子整个身体就向左侧翻身180°又呈仰卧位（图2）。然后，将孩子的左臂上举（或者紧贴在胸腹的左侧），将孩子的右腿搭在左腿上，扶着孩子的右背部，轻轻向左推，孩子的整个身体就向左侧翻身180°呈俯卧位，再扶着孩子右肩和右臀部，轻轻向右推，孩子的整个身体就向右侧翻身180°呈仰卧位。

这时有可能孩子对翻身一点儿欲望都没有。如果准备让孩子向右侧翻身，一个人站在孩子的右方用带响声的玩具逗引，促使孩子听到响声欲向右侧转头时，妈妈将孩子的左腿搭在孩子的右腿上，用手扶着孩子的左背部，轻轻向右侧推，将孩子的身体向右侧翻身90°。休息片刻后，一个人可以站在孩子的左侧用带响声的玩具逗引，使得孩子听到响声后欲向左侧转头时，妈妈轻轻拉动孩子的左肩，孩子自然就翻身成平卧位。如果准备让孩子向左侧翻身，一个人站在孩子的左方用带响声的玩具逗引，促使孩子听到响声欲向左侧转头时，妈妈将孩子的右腿搭在孩子的左腿上，用手扶着孩子的右背部，轻轻向左侧推，孩子的身体就向左侧翻身90°。休息片刻后，一个人可以在孩子的右侧用带响声的玩具逗引，使得孩子听到响声后欲向右侧转头时，妈妈轻轻拉动孩子的右肩，孩子自然就翻身成平卧位。

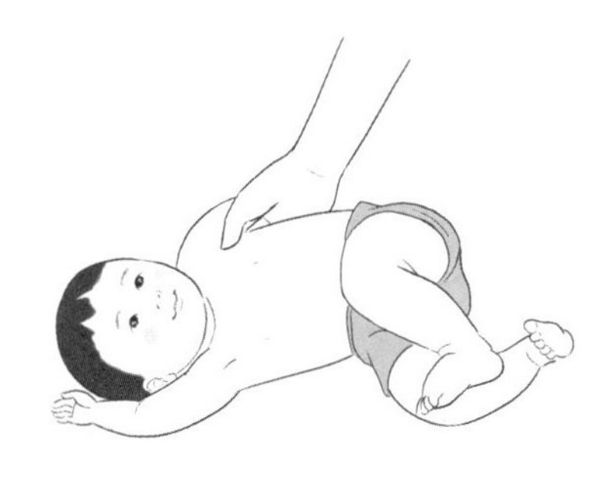

图2

当孩子从仰卧位已经能够熟练地翻成侧卧位时，就需要训练难度大一些的动作了。当孩子翻身成侧卧位时，在孩子面对的一侧，把他喜欢的玩具放在身边的床上，妈妈用手摇动玩具来逗引孩子伸手去抓，在孩子努力去抓的同时，身体就会自然由侧卧位翻成俯卧位了。这个动作可以左右来回换方向地训练。不过，孩子一般朝右侧翻身比向左侧翻身要容易得多。

当孩子这两种动作都很熟练后，就可以将这两个动作连接起来进行训练了，即训练孩子从仰卧位翻身到俯卧位。不过，训练时一定要用孩子喜欢的玩具，并且孩子通过翻身动作能够抓住这个玩具。当孩子获得成功后，妈妈要及时亲亲孩子或者愉快地夸奖孩子，这样孩子才有兴趣并且乐于去重复翻身动作的训练。

当孩子从仰卧位熟练地翻成俯卧位时，妈妈就可以开始训练孩子从俯卧位向仰卧位翻身以及连续打滚，不过这些训练应根据孩子接受的程度来决定，一般在孩子八九个月时开始。

需要提醒家长的是，如果孩子穿得多或太胖会影响翻身动作的掌握。练习翻身时需要选用硬板床，不要在席梦思软床上训练，而且训练时间应该选择在两次喂奶之间、孩子觉醒时。妈妈协助的动作一定要柔和，不要伤着孩子的肢体。

另外，每个孩子运动的发育是有差异的，即使是同一个孩子不同阶段的运动技能掌握得快慢也不一样，有可能有一天孩子突然就会翻身了，而且还可以连续翻身，这就是延迟模仿在起作用。所以，家长不要为孩子某一阶段动作发育相对缓慢而着急，只要在他发育的关键期内就是正常的。

随着孩子掌握了翻身动作，也就面临着孩子可能发生坠床的危险。这个时候家长就不能把孩子单独放在床上了，要预防意外发生。

如何训练孩子坐

Q 我家宝宝6个月，总喜欢自己翻身用胳膊支着趴在床上，听人说孩子这样就可以训练坐了。我们该怎么训练呢？

A 如果孩子已经能够抬起头来，竖着抱还能左右转动头去看他感兴趣的事物，而且俯卧在床上时，经常是双手扶着床面努力用上臂支撑着，抬高上半身去观望四周（图3），就可以开始训练孩子拉坐了。

图3

拉坐就是当孩子仰卧位躺在床上时，家长用双手拉着孩子的手腕轻轻将孩子从仰卧位拉成坐位。家长也可以将自己的大拇指伸进孩子的手心，轻轻刺激孩子的双手心，孩子会紧紧握住大人的大拇指，家长的其他手指拉着孩子的手腕向前拉直孩子的手臂，轻轻将孩子拉起为坐位（图4）。在这个过程中，家长需要注意拉孩

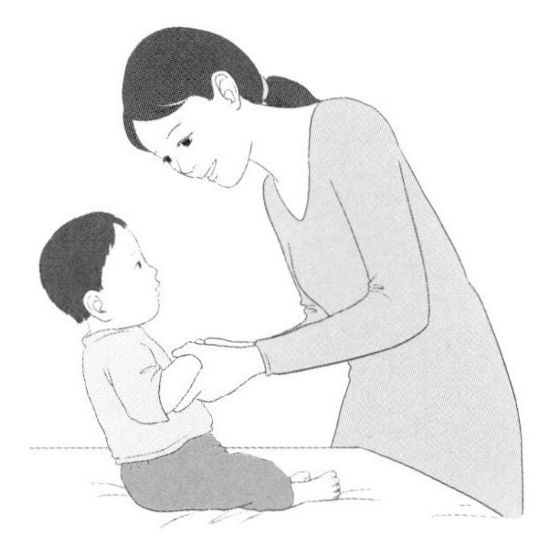

图4

子用力的方向要顺着孩子坐起的方向，否则容易引起发育还不牢固的肘关节脱臼。有的家长怕用力不对扭伤孩子的手臂，喜欢拉住孩子的上臂练习拉坐，但这样做孩子自己使不上劲，也不能很好地锻炼背部、腰部和手臂肌肉的力量。

一旦坐起来，每次停顿3～5秒。这时孩子的头虽然竖立起来了，但很有可能后背很快就塌下来了，上半身就趴在训练者的手上。这是因为孩子腰、背部肌肉和脊柱的支撑力量还比较弱。待孩子休息一会儿，再轻轻将孩子送回原来的仰卧位，然后轻轻按摩背部和腰部，使这些肌肉得以放松。然后，重复做1～2次，每天可以训练2～3次。孩子每天外出玩的时候，最好让孩子半卧位躺在儿童车里。这样的好处是，孩子的视野广阔，满足孩子看的需求。孩子为了看到更多的东西会努力抬起上半身，这样也锻炼了背部和腰部的肌肉，并且使脊柱逐渐增加了支持的力量，为将来独立坐奠定基础。

经过每天训练，孩子的背部、腰部和上臂的肌肉获得了锻炼，到5个月的时候就可以训练他靠坐了。靠坐就是将孩子扶成坐位后，将孩子的后背靠在沙发角上，或者让孩子的后背靠在被垛上，但是需要提防孩子坐不稳发生侧倒。现在市面上有了U字形靠垫，能解决孩子坐不稳侧倒的问题。每次训练的时间不要长，3～5分钟，每天练习2～3次。训练时家长必须注意安全，时时刻刻守在孩子的身边。

到6个月时孩子就可以练习独立坐了。刚开始时，孩子坐着上半身会向前倾，双手会支撑在地上，三点着力形成一个支撑面支撑着上半身（图5），或者自己扶着支持物促使自己抬起前半身，将腰背直起来。同样，每次这样的训练时间不要长，3～5分钟，逐渐延长到10分钟左右就可以了，以免脊柱、腰背承受的压力过大。经过每天2～3次的锻炼，孩子逐渐就能坐稳了，而且上半身也会很快挺立起来。

图5

如果训练得当，运动功能发育好的孩子，到7～8个月时就能坐着转身去拿放在身边的玩具了。

孩子学会了坐，开阔了视野，增加了活动范围，增长了见识，提高了认知水平，也锻炼了脊柱和腰背的肌肉，同时为孩子即将开始的爬行训练打下了基础。

如何训练孩子爬

Q 听说爬这个动作很重要，如果宝宝没学会爬就学走路，对身体发育的各个方面都会有不好的影响，是这样吗？该怎么训练孩子爬呢？

A 爬是孩子在大运动发育过程中的一个不可逾越的非常重要的阶段，因为这是孩子首次离开大人主动移动身体去观察、探索和认识世界。爬行可以促进孩子认知、视觉、听觉和空间能力的发展，有助于大脑储存更多的信息，并且可以锻炼孩子的胸部、背部、腹部的肌肉以及四肢肌肉的力量和灵活性，促进全身运动的协调性，增强本体感、平衡感。同时，爬行还能促进大、小脑之间的神经联系。爬行是一项对于孩子来说较为剧烈的运动，是十分消耗热量的。研究证明，爬行时要比坐着多消耗一倍热量，比躺着多消耗两倍热量，所以有助于孩子吃得香、睡得好、长得更好。在大脑中爬行中枢的位置与语言阅读中枢的位置相近，所以对语言和阅读能力的提高也有帮助。爬行运动增添了孩子原来没有获得过的乐趣，也是磨炼孩子意志和胆量的一项活动，有助于培养宝宝积极健康的个性。

据报道，感觉统合失调的儿童90%以上不会爬行或爬行时间很短，而爬行是目前国际公认的预防感觉统合失调的最佳手段。大脑的协调性差将影响孩子的注意力和记忆力、言语表达和人际交往的发展，因而直接影响了儿童学习、生活、人际关系，妨碍正常生长发育。专家分析，造成感觉统合失调的原因，除了早产、剖宫产等因素，最关键的问题就是没让孩子经过爬就学会走路。其产生的弊病在孩子幼年时也许不会表现出来，到了学龄期，就会在学习能力、人际交往能力和心理素质方面显现出来，让家长和老师非常操心。

刚开始训练孩子爬行时，最好在铺着被子的硬板床上，在孩子头前大约50cm的地方，放上一个孩子最喜欢的玩具。孩子俯卧在床上，很快用双上肢支撑着上半身，目光炯炯地看着眼前的玩具，试图去够这个玩具（图6）。这时，家长用两只手交替着推动孩子的双脚，孩子的脚使

图6

劲一蹬（图7），身体向前移动了几步，终于够到了玩具，脸上的表情是一种满意和成功的喜悦。切记，玩具一定不要放在离孩子头很远的地方，否则孩子努力了很长时间还够不着他喜欢的玩具，他就会放弃，不会对爬行产生兴趣。必须让孩子感觉到只要经过努力就能够满足自己的需求，这样孩子才会对自己充满信心而乐于去尝试。当孩子拿到玩具后，就暂停一会儿。经过几次后，有了大人帮助下成功的经验，孩子趴下后，抬起头，看着前面的玩具，双上肢就有节奏地交替着用力向前爬，双脚也很协调地用力蹬家长的手，家长用双手交替着轻轻用力推着孩子的双脚，孩子整个身体像一个匍匐爬行的小青蛙，动作看起来熟练多了。当孩子经过爬行的努力拿到玩具后，家长要给予孩子奖励——抱起孩子亲亲，孩子会很高兴的！

图7

就这样，每天训练2～3次，每次训练10多分钟，孩子爬的动作会一天比一天熟练，最后逐渐摆脱家长的帮助，能够从坐姿换成俯卧的爬行姿势并呈匍匐姿势开始爬行了。这样的爬行预示着孩子要脱离大人的管束，开始主动移动自己的身体，独自活动了。这一刻，对孩子来说具有“跨时代”的意义。

TIPS：这样训练孩子爬对吗

有个妈妈给我留言：“我的女儿现在52天，出生后月嫂每天给孩子洗完澡后都训练她爬行，就是用手顶住孩子的脚底，让她往前爬。每次她都哭，但是都能爬1m。后来，我们看书上说必须会翻身之后才能练习爬行，所以爬了15天左右就不再让她练习了。请问月嫂这样训练对吗？”这个妈妈及时停止这样的训练是对的，因为宝宝出生后动作发育的规律是从整体到分化，从不随意到随意，从不准确到准确；动作发展的顺序是从上到下，从中心到外周，从大肌肉到小肌肉。因此，刚出生的孩子运动是不随意、不准确的，而且不会主动控制自己的肢体，更不能主动移动自己的身体。另外，刚出生的孩子四肢呈屈曲状态，主要是屈肌强度占优势，两只小手紧握着，像青蛙一样，所以当俯卧位时，孩子就表现出两条腿蹬来蹬去，好像要往前爬似的。但是，新生儿肌肉和关节软弱无力，不可能克服重力对身体的吸引力支撑和移动自己的身体。月嫂的这种训练是错误的，因为她违背了孩子动作发展的规律和顺序，不科学的训练方法极有可能对新生儿的肌肉和关节造成损害，千万不要大意！

有的时候，家长可能心情太急躁，没有持之以恒的精神，或者训练孩子的方法有误，孩子进步不大。其实，除了持之以恒的训练外，对于孩子一点点的进步都要给予表扬，就会让孩子更有信心、更乐意去努力。有一点还要提醒家长注意，有的孩子在家长看来比较“笨”或者总比别人“慢半拍”，其实孩子有时会顿悟一些要领或者过一段时间再现一些已经过去的事情，这时家长会发现孩子突然学会了某种技巧，这实际上就是一种延迟模仿，所以家长不要着急，只要坚持训练下去，孩子肯定能够成功的。

孩子学会了匍匐爬行，紧接着就要学习手膝爬行。最好是用围巾圈在孩子的胸腹部，大人用手拉着围巾两头，用力将孩子的胸部和腹部拉起来，让孩子用手膝、小腿前部、足背着地（图8）。这时，孩子抬头向前看，双肘伸展，上肢与大腿同时垂直于地面。家长手提的力量要轻，刚好能够让他的手和膝盖着地支撑着躯干的重量就可以了，然后慢慢减轻提着他的力量，以增强孩子四肢肌肉和关节的支撑力量。每天训练几次。通过这样的训练，家长提着围巾的力量明显减少，孩子四肢力量显然增强，双手双膝同时负重，双臂和双下肢的交互动作协调对称，为独立行走打下基础。

图8

如何训练孩子走

Q 宝宝8个多月了，现在已经学会爬，下一步是不是就该学习走路了？家长需要怎么帮他呢？

A 孩子学会爬后，要为训练走做好准备工作。

● 进一步加强下肢的力量，孩子能够独立站起来以支撑全身的重量。每天训练孩子扶着东西做蹲起或者扶着东西站起来（图9），坐下去，再站起来，再坐下去……以加强下肢肌肉和骨骼的力量、关节活动的灵活性和韧带的柔韧性。每次做这些训练时都要利用孩子喜欢的玩具来吸引孩子完成这些动作，也可以用助步车（是四个轮子的推车，不是学步车）来强化孩子下肢的力量。

图9

● 学会掌握身体重心的变换。孩子爬行或仰卧位时重心较低，支撑面大，不存在重心变换的问题。但是，从爬行或仰卧位到站立时，从站立到低头弯腰蹲下，或者站立到低头弯腰坐下，都需要不断地变换重心。当孩子双腿交替向前迈步时，每迈出一步也都需要不断变换重心。因此，当孩子扶着沙发或小车以及大人双手扶着他的腋下练习走路时（图10），都是重心变换的练习。

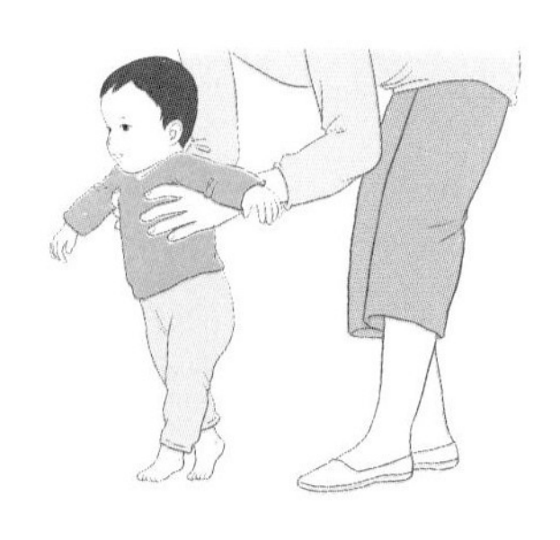

图10

● 孩子学会独自站立后，就需要掌握身体平衡的训练，因为孩子靠双脚支撑全身重量，支撑面变小，走路摇摇晃晃，还不能掌握身体直立时的平衡。这时，孩子往往寻求家长的帮助，胆子也小，但随着孩子不断尝试，逐渐掌握身体的平衡，就能充满自信而迈步向前独立行走了。

● 孩子在完成以上的训练过程中会不断地跌倒、摔痛甚至磕破皮，因此需要家长的鼓励和适宜的安慰，并给孩子创造一个安全的环境，孩子才能不畏惧困难和挫折，在反复的尝试和摸索中总结经验，最后能够独立行走。

家长除了帮助孩子进行以上的训练外，还需要掌握训练孩子走路的方法。最初，家长可以在孩子前面4～5步的地方放一个他喜欢的玩具，然后家长站在孩子的后面扶着他的腋下鼓励他向前迈步去拿玩具。当感觉到孩子的双腿能够比较轻松地迈步后，家长就可以在前面搀着孩子的前臂，继续训练孩子向前迈步，这时孩子需要更加努力地掌握身体的平衡。当觉得搀着孩子的前臂，孩子走路平衡掌握得比较好后，家长就可以在前面牵着孩子的双手练习走路。如果经过这样的训练孩子走路已经很好了，家长就可以牵着孩子的一只手练习走路。最后，家长需要放开孩子的小手鼓励孩子独自行走。当孩子独自走了1步或2步时，家长要给予表扬。即使孩子摔了跟头，家长也不要表现得很紧张，而应表现得十分轻松，并且积极鼓励孩子继续尝试，这样用不了多少时间孩子就会走路了。

有的孩子仍然胆小不敢撒开大人独立走路，家长还可以选择下面的办法：找一根小棍，让孩子拿着小棍的一头，家长拿着另一头，拉着孩子走路（图11）。当孩子走得不错后，家长将小棍换成手帕，让孩子拿着手帕的一角，家长拿着另一角，拉着孩子走路。这样孩子逐渐就学会独立行走了。也可以使用助步车或小板凳，让孩子脱离大人自己推着小车或者小板凳向前走。

图11

训练孩子走路时最好给孩子穿上鞋，用以保护孩子的双脚。给孩子选择一双合适的鞋，对于孩子脚的发育、学习站立、走路以及走路的姿势是很重要的。婴儿足底的脂肪过多，呈扁平足样，随着孩子开始行走，逐渐形成脚弓。而且，婴幼儿的踝关节附近的韧带较松，不能过度牵引或负重。当孩子还不会走路时，最好让孩子穿上软底鞋，要适合脚的大小，有利于孩子学习站立和走路。一双舒适的鞋能给双脚自由的感觉，也能够很好地支持全身的重量。不要穿连脚裤或硬底鞋，这样限制孩子下肢的活动，尤其是踝关节的活动，容易引起踝关节和骨骼的损伤。当孩子已经学会走路，可以选择比软底鞋略硬的鞋，最好是布鞋，但是一定要合脚，既不能大也不能小，过大增加踝关节的负担，过小使孩子的双脚不能舒展，这两种情况都影响孩子走路的姿势和双脚的发育。另

TIPS：孩子穿有响声的鞋好吗

现在市场上有很多一踩就会发出声响和亮光的童鞋，由于其可以引起孩子的好奇心，所以很是惹孩子喜爱。但是，我个人认为最好不要给孩子穿这种鞋，尤其是刚学会走路的孩子。因为人走路时脚跟先着地，然后很快将身体重心移到脚尖，这样才符合人体运动力学的变化。而这种鞋的音响设备一般都装在鞋的后跟，只有脚后跟用力踩地才能踩出响声和闪出亮光，这样不仅延长了将身体重心从脚跟移到脚尖的时间，使脚跟承受全部体重，而且使劲踏地会通过脊柱对大脑产生冲击。时间长了，不但养成孩子不正确的走路习惯，而且对大脑的发育会产生不利影响。另外，有的孩子只顾低头看鞋的闪光，造成孩子养成含胸走路的习惯，不利于孩子胸廓和脊柱的发育。更何况，鞋上发出响声的装置质量不一，劣质的声响有可能损害孩子的听力，所以我不建议孩子穿这种有响声的鞋。

外，鞋子必须带有鞋扣或者鞋带，让孩子穿上不掉，防止孩子摔跤。我国制鞋专家丘理谈到，稳步期儿童需要正常的儿童鞋，而儿童鞋必须具备几个要点：1.鞋底弯曲与脚行走的弯曲部位相吻合（鞋底往前三分之一处弯折）；2.后跟杯硬能支撑脚踝；3.鞋头硬防砸脚趾；4.鞋内垫不能是很软的海绵，要有回弹性，刺激足底神经发育；5.材料透气无异味。硬底皮鞋和劣质的旅游鞋不适合婴幼儿穿着，不利于孩子脚弓的形成，而且因为硬底减震性能不好，对于婴儿发育不成熟的大脑和脊柱是个不良的刺激。孩子的鞋子需要经常更换，一般2～3个月更换一次比较合适。

当然，在训练孩子学习走的过程中，以上几步往往是混合穿插进行的，分得不是那么清楚。而且，有的孩子可能短短的几天内就会从扶物走到独立走了，甚至有的孩子会突然甩开家长的手独立行走。

育儿链接：利用学步车让孩子学走路好吗

我不建议孩子在没有学会爬之前就坐学步车。同样，美国儿科学会也不推荐使用婴儿学步车，因为它容易导致孩子从楼梯上摔下来并使头部受伤。学步车不能帮助孩子学习走路，相反，它还会耽误孩子的正常动作的发育。因此，美国禁止生产和出售学步车。

7 ～ 9 个月是孩子爬的发育关键期。这个阶段，家长应该训练孩子学习爬行。爬行是孩子脱离看护人走向独立的一个重要的人生里程碑。爬行可以锻炼孩子四肢肌肉的发育，动作的协调性，满足了孩子的好奇心。

由于家长过早地给孩子用学步车，忽视了爬行这个阶段，或者因为孩子站在学步车上的视野要比爬行时的视野广阔，孩子不愿意再练习爬行，导致孩子缺乏爬行阶段，长大后容易出现好动、注意力很难集中、手眼协调差、阅读能力差、经常跳跃式阅读、空间距离判断有问题、不容易和小朋友处好关系等问题。这样的孩子虽然智力发育没有问题，但有可能学习成绩上不去。另外，孩子在学步车里，由于有框圈的支撑，不需要练习平衡，前庭也没有得到刺激。这样的孩子一旦离开学步车，就会站不稳。一般孩子在 10 ～ 12 个月是练习站立和行走发育的关键期，过早在学步车里站立，容易引起双下肢弯曲，或者双脚呈"内八字""外八字" "马蹄足"。因此，学步车不是一个很好的工具。

如何正确看待孩子出生后游泳训练

Q 一些医院在孩子出生后不久就开展了游泳训练，请问孩子可以参加这些训练吗？

A 从严格意义上讲，这不应该叫游泳训练，应该称戏水更为贴切，也是孩子运动的一种方式。婴儿下水玩玩也是不错的，因为孩子在胎儿阶段是生活在一个温暖的、羊水包裹着的子宫里，出生后就失去了这个环境。环境的改变会引起孩子的不适，将孩子放在温暖的水中，重又回到熟悉的环境中，加上先天带来的吞咽反射和屏气反射（大约在14个月以后逐渐消失）还没有消失，孩子可以短时间屏住呼吸，四肢可以做出协调的类似游泳的动作。这样有利于孩子情绪的稳定和建立安全积极的情感。另外，因为皮肤是新生儿最大的感觉器官，水流的按摩刺激能促进孩子的触觉和平衡觉的发育，也有助于本体觉的建立，使孩子的感觉更加灵敏。孩子在戏水过程中，由于运动可以促进食欲增加，也促进了食物的吸收，有利于孩子的发育。而且，由于运动促使肠蠕动增强，有利于胎便排泄，减少肝肠循环，因而减少新生儿黄疸发生或者发生的程度减轻。戏水也促进了孩子的肌肉、骨骼、关节的锻炼，使运动功能发育得更好，神经系统的通路更快地铺设和建立。同时由于水温和室温之差，戏水也锻炼了皮肤的调节功能，有助于提高孩子抗寒能力，增强体质，促进循环系统的发育，加快了新陈代谢的速度。每次戏水过后，孩子都会愉快入睡，而在睡眠中生长激素分泌旺盛。一些科学家研究证实，进行过游泳训练的孩子生长速度明显高于怀抱着的孩子，而且少生病。孩子通过戏水，能够更好地认知水，不恐惧水。但孩子到了4岁，才可以正式地学习游泳技能。

目前，很多地方将颈部气圈套在婴儿颈部再将婴儿放进水里“游泳”。孩子的躯体是竖立在水中活动（在水中前进的阻力增高），而不像真正游泳动作是躯体与地面平行漂浮在水中（前进的阻力减小）。在人体颈部外侧的中点，颈动脉搏动最明显的地方有略微膨大的部分，称为颈动脉窦。颈动脉窦内有许多特殊的感觉神经末梢，如果颈动脉窦受压，尤其对颈动脉窦敏感的人即刻引起血压快速下降、心率减慢甚至心脏停搏，导致脑部缺血，引起人的昏厥。这是十分危险的事。而婴儿游泳时戴的颈部气圈使用很不方便，容易因为使用不正确而压迫颈动脉窦引发危险。孩子游泳是依靠颈部的气圈产生的浮力来克服地球对人的吸引力而进行的，这对于婴儿发育稚嫩的颈椎负担是很重的，因此很容易造成颈椎关节的损害，这种损害的后果是十分严重的，甚至是不可逆的伤害。更何况，这种游泳设备大部分都没有有关安全性能的科学验证。医学专家是不是首肯了这种验证，对孩子的颈椎是不是有损害，需要做长期的跟踪。

《人民日报》2013年的一篇专题文章《婴儿游泳脖圈有无隐患》指出，脖圈游泳是我国大陆地区独创。美国、英国、日本没有见到脖圈，使用的都是腋圈、浮力衣。香港很少见到脖圈，即使有也是大陆带过去的。调查中，很多专家并不认同这种婴儿游泳方式。这名记者之前曾采访过我，我明确表示不赞同使用脖圈训练小婴儿游泳。脖圈充气过多会造成孩子颈部不适，颈椎活动受限，而且孩子的下颌必须努力抬起，才能适应脖圈，若充气不足则不能支撑婴儿漂浮在水面。另外，孩子用脖圈游泳有可能使颈动脉窦受压，引发危险。而且，这种游泳方式以及相关泳池管理，没有管理部门监管。所以对于孩子来说，哪怕存在着万分之一的危险，也应该重视。

目前，我国一些地区包括香港都开展了“亲子游”，即让半岁到3岁左右的孩子和父母一同下水，旁边有专业游泳教练指导。亲子游不但有助于亲子依恋关系的建立，而且对于产后妈妈易发的抑郁情绪也能有所释放。一般父亲陪同婴儿亲子游的比较多，加强了父亲的责任感，让父亲有所担当。同时，谨慎的婴儿通过亲子游学会了接受风险，而容易过度兴奋的孩子则变得比较谨慎。教练会根据孩子的年龄、能力等情况提供辅助工具，如漂板，可让宝宝趴着。大一点儿的孩子可以使用腋圈。《美国儿科学会育儿百科（第6版）》提出，1～4岁的孩子（或者更大的孩子）接受正式的游泳指导可以降低溺水的概率，但不建议在所有1～4岁的孩子之中推行强制的游泳课程。父母决定是否让自己的孩子报名参加游泳班时，应该考虑孩子接触水体的频率、情感发育、运动能力，以及与水体中的感染源和化学物质相关的健康问题。小于1岁的孩子可能会参加作为游乐消遣活动的、有父母参与的游泳项目，但是由于没有证据表明这些意在防止小于1岁的孩子溺水的游泳项目是有效和安全的，所以生后游泳训练并不是真正的游泳，而是一种有父母参加的戏水游戏，是作为一种游乐的消遣活动。

孩子虽然可以戏水，但是也需要注意以下问题。

- 出生时发生窒息的孩子、患有需要治疗疾病的孩子、小于32周的早产儿、体重低于1800g的低出生体重儿都不能戏水。

- 掌握严格的水温和室温。水温保持

在37℃～40℃，室温28℃。

- 戏水同时还要有按摩抚触，有利于孩子克服恐惧感，也有利于孩子的睡眠。
- 戏水应该在吃完奶1小时后进行。
- 必须有专门设计的泳池、池水，经过培训的医护人员指导。
- 必须保证一人一池一水。如果孩子的脐带没有脱落还应该在下水前贴上防水贴，以防造成感染。
- 必须有专人看护，最好是亲子游泳，大人与孩子之间距离应在一臂之内。必须有一个懂得心肺复苏术和人工呼吸的成年人在场，并在水池边放上电话以及紧急救生物品等。

CHAPTER 3

智力发展

巧妙利用身边物开发孩子的大脑

Q 我们应该怎么做，才能开发孩子的大脑呢？

A 很多的家长听完关于孩子全脑开发的育儿讲座后，经常问讲课的老师哪儿有开发全脑的玩具或教具。其实，在我们生活中到处是开发孩子大脑的教具，下面我就来详细地谈一谈。

练习孩子分类能力的方法

每当吃一种食品时，家长都要告诉孩子这是什么东西，告诉他们各种食品的特点。通过一定的积累，家长可以将几种食品混合起来，让孩子根据物品的种类、颜色、口味、用途、形状来进行分类，还可以通过分类多问孩子："还有什么？""什么可以替代它？""什么与它有一样的用途？""它们除了吃还有什么用途？"这样既练习了孩子的分类能力，也练习了发散性思维。

也可以将孩子的玩具，按用途、颜色、形状，让孩子分类放好。然后，让孩子说说他见过什么玩具，练习孩子的记忆力。也可以让孩子蒙上眼睛，用手摸一摸玩具，然后说出玩具的名字。这样可以练习孩子的形象认识能力，活化孩子的右脑。

另外，带孩子去超市购物，根据每个货架的物品带孩子学习分类。超市是孩子学习分类的非常好的场所。

练习孩子空间认识能力的方法

当5岁孩子早晨起床时，家长可以问

孩子，左手在哪里，右脚在哪里，左脚应该穿左鞋还是穿右鞋，把左鞋找出来等。因为5岁是以自身为中心发展左右定位的关键期。

3～4岁是发展前后方位的关键期。排队买东西时，可以问3岁以上的孩子：队里一共有5个人，从前面数第几个人是妈妈？从后面数第几个人是妈妈？这样孩子清楚了妈妈所在的位置，而且也知道了序数的概念。也可以让孩子说说排队的人里有几个奶奶、几个爷爷、几个叔叔、几个阿姨、几个姐姐、几个哥哥。通过认人，锻炼孩子的类别认识能力。同时，排队也让孩子学会等待，懂得遵守社会公德。

平常用过的小塑料瓶不要扔掉，清洗干净，可以作为孩子的玩具。1岁之内的孩子可以练习将小瓶放在大瓶里，或将糖放在小瓶子里，练习孩子手的精细动作，手—眼—脑结合的能力。1～2岁的孩子可以练习将小瓶子按大小搭成宝塔。洗澡时将它们放在水里，在一个瓶子里放入石子，让其沉入水里。让孩子通过漂浮的瓶子将浮力的信息提前储存在右脑里。

通过以上的游戏，孩子不但玩得很开心，也学到知识了。不过，玩后一定要告诉孩子，玩具要一起回家休息，宝宝要帮助它们，让孩子养成玩具用后收拾好的习惯。另外，一定要注意小物件，不要让孩子吞咽了。

练习孩子图形认识能力的方法

2～5岁是儿童形状知觉发展的关键期。带着该年龄段孩子走在街上，看见大广告牌，可以告诉孩子这是长方形，这是正方形，问问孩子家里什么东西也是这个形状的。孩子可能说桌子面是正方形，电视的荧光屏是长方形。看见孩子玩的皮球，可以问孩子什么东西和它形状一样。孩子可能答苹果、足球、橙子、月亮、气球、宝宝的胖脸蛋等。如果孩子不费力气说得很多，就说明孩子思维的流畅性好。家长不妨采用我的方法，教给孩子认识五角形、圆柱体、圆锥体、梯形、六面体等图形。

练习孩子形象扩展能力的方法

家长可以和孩子一起过家家。如果孩子去医院看过病，不妨让孩子做“医生”，妈妈做“孩子”。通过“医生”给“孩子”看病的过程，让孩子在联想或表演中，认识医生和孩子的形象。家长也可以装成看病就哭哭啼啼的孩子或不愿打针的孩子，和“医生”对话。孩子通过游戏，提高形象认识能力，练习了语言表达能力，还能减轻或克服对医生的恐惧心理。

实际上，生活中充满了生活经验和科学知识，开发全脑的方法就在其中。我们要做个有心的家长，提高自己的知识水平，采用灵活的办法，不失时机地向孩子传授知识。

需要给孩子做智力测验吗

Q 我带着孩子去医院儿保科进行体检，看到儿保科有智力检查的门诊。请问孩子多大可以去医院做智力检查？智力检查包括哪些内容？我可以给孩子做智力检查吗？

A 具有影响大脑发育的高危因素的孩子应该进行早期智力监测，以便及早发现，及时干预，促进孩子智力发展。

我国目前采用的智力测验的方法有以下2种。

| 筛查法 |

这是一种比较简单、快速、经济的方法，可以在短时间内筛查出在生长发育或智力方面有问题的孩子。目前本方法多用丹佛发育筛查（DDST），测试内容包括孩子的个人—社会适应、精细动作、语言和大运动这4个方面，适用于2个月～6岁的孩子。其结果分为正常、可疑、异常。如果筛查出有问题，孩子可以进行下一步测试。

| 诊断性智力测验 |

学龄前期测试内容：图片词汇测验、50项测验、韦氏智力量表。

学龄期测试内容：绘人试验、学龄韦氏智力量表。

家长应该明确做智力检查不是看自己的孩子是否聪明，而是看孩子智力发展和智力结构的状况如何。这样我们才能知道孩子在智力发展和结构方面出现的问题，及早对孩子进行有目的的帮助，促进儿童智力发展。

但是，我们目前采取的智力测验只包括3个方面，即语言、数字和图像。实际上，孩子的智商远远不能用这3方面概括。更何况，智商测定受很多条件的限制和影响：首先，测定智商的人员必须经过正规培训；其次，智商测定的环境要求安静、舒适，光线、室内设备、温度、湿度等都要严格按照规定设置；再次，测评人员说话的速度、声调、眼神等都可能对孩子产生影响；最后，孩子当时的情绪、态度、以往的生活经验也会影响测试的结果。因此，智商测定绝不是任何人在任何环境条件下都可以随便进行的。

1983年，哈佛大学教育研究院的霍华德·加德纳教授提出了“多元智能理论”，认为人类有多种智能，用同一个标准来评定人的智力是极其错误的，智商测定不能代表一个孩子各个方面的发展及才智。

但是，一些家长和医务工作者不能正确对待孩子智商测试的结果：对于智商高的孩子，家长、教师或医师就会认为他聪明；而对于一些智商低的孩子，家长、教师或医师可能会认为孩子愚笨而灰心丧气。孩子小的时候还不能正确认识自我，而是以外人的评价来评价自己。外人的暗示使孩子过度自信或缺乏自信，从而遏制了孩子智力的发展。其实，孩子的智商不是永久不变的，孩子的智能组合也是可以变化的，家长要善于发现自己孩子的长处。对于智力来说，除了先天遗传的因素外，后天的教育也很重要。

每个孩子智力发展的速度不一样，结构也不一样。如果家长对智力测验没有正确的认识，我建议不要查，否则带来的副作用是很大的。况且如果孩子没有影响大脑发育的高危因素，就没有进行智力检查的必要。

怎样让宝宝学会讲话

Q 我的宝宝10个月了，还不会叫爸爸妈妈。我们总和他说话，他什么都知道，也会指认，但就是不开口讲话，这是为什么？我该怎么办？

A 孩子的口头语言发育要经过以下三个阶段。

- 语言感知阶段（0～6个月）。在这个阶段家长要多和孩子说话，孩子可以自发地发出声音，并有音调、音量和发音长短的不同。让孩子熟悉语言符号，逐渐通过其他人的语言、动作、表情和玩弄的物品来尝试理解语言符号的意义。

- 语言理解阶段（7～10个月）。婴儿如果得到正常的语言环境的刺激，就能理解人的日常语言，如叫他的名字有反应，经过训练懂得“不”，并能发出很多清晰的声音，但一般都属于无意识发音。孩子开始有形体语言，例如拍手欢迎，摆手再见。

- 语言口语表达阶段（11～18个月）。婴幼儿在语言方面有突飞猛进的发展，无意识的发音明显减少，主动和模仿发音开始出现，并开始通过学习试着用语言表达自己的需求并理解语言。一个正常的孩子在10～15月龄中，每个月可以掌握16个新词，到1岁半每个月平均学会新词15～35个，可以组成单词句、双词句。

孩子的语言发育因人而异，一般来说最晚在2岁前应该说话。为了孩子能够很好地说话，家长应该从以下几方面着手，给予孩子最好的帮助。

- 时时刻刻让孩子处在语言的环境中，不断地和孩子进行语言上的交流，语言要丰富，所用词汇是常用语。
- 不要说太多的儿话或者重复孩子的错误语言。
- 教孩子说话的人必须发音标准。
- 鼓励孩子用语言说出自己的需要，经过反复的训练，孩子就学会了用语言表达意思。
- 多表扬孩子，使其树立自信。

孩子说话“结巴”怎么办

Q **女儿已经2岁，但是说话结巴。为此家里人经常说她，甚至责骂她。现在她不爱张口说话，总是用手势表达需要。我应该如何纠正孩子结巴的毛病，让孩子多说话？**

A 孩子在学习说话的过程中，尤其是2岁以内的孩子，口吃是有可能发生的，尤其在掌握词语词汇的阶段，这是因为孩子的思维往往快于语言的表达。但是口吃必须矫正，否则待口吃加重或者成为习惯时再矫正就困难多了。

家中的人不要认为孩子口吃很可笑，不能模仿或嘲笑她，更不能责骂她。孩子处于紧张焦虑情绪中，或者由于责骂而产生自卑的心理，更不愿意张口说话。因此，家长在孩子说话时不要急躁，尽量让她把话说慢一点儿，慢慢表达清楚，同时不要打断她的话，并用欣赏的目光去看孩子，给予孩子鼓励。孩子口吃往往表现在第一句话上，家长可以等待一下。如果孩子这次说话的时候没有口吃，家长就进行表扬。在这个过程中，家长不要提醒她口吃，如说“你怎么又口吃了”或者训斥她，否则就会强化口吃，造成孩子精神紧张，形成负担，以后说话可能就更口吃或不爱说话了。孩子在逐渐的成长过程中，语言发育好了，这个毛病很快就可以纠正了。

另外，在纠正孩子口吃的过程中，家长还需注意以下几个问题。

- 时时事事都让孩子处于语言环境中，经常不断地让孩子练习说话；
- 不鼓励孩子用肢体语言，必须让孩子用语言说出他的需求；
- 用欣赏的眼光看待孩子，使孩子受到鼓励，获得自信心；
- 可以让孩子多说儿歌或者唱歌，朗朗上口，有助于克服口吃；
- 注意不要让孩子接触口吃的人，以避免不良的影响；
- 纠正孩子口吃是一个长时间的过程，需要家长有耐心、有恒心。

孩子为什么喜欢自言自语

Q 我的孩子快3岁了，说话很清楚，表达得也准确，但近来我发现，孩子一个人玩的时候，总喜欢自言自语，而且说起来还津津乐道，十分有感情色彩。我的孩子平常精神很正常，为什么会这样呢？

A 人的语言分为外部语言和内部语言，孩子语言的发育从外部语言开始。孩子自言自语是从外部语言到内部语言的一种过渡形式。这种现象多出现在3～4岁的时候，这是孩子语言发展过程中的一个必然的正常现象，多表现在孩子做游戏或做一些事情时，一面做一面说话，用语言来说明自己正在做的动作，或者用语言来补充自己想做却做不到的事情，又或者用语言说出自己要做的事情，还有做事情遇到困难通过自问自答来表示自己的怀疑、惊奇和困惑。

这个阶段孩子的思维以自我为中心，其语言也是自我中心语言。由于认知水平有限且不成熟，因此就表现出自言自语。孩子自言自语反映的是自己思维的过程和要采取的办法。这时孩子思想放松，畅所欲言，其语言充满了感情色彩，充分地表达自己的情绪、情感。感情上得到宣泄和倾诉，有助于孩子的情绪稳定。而且，孩子在自言自语时往往全身心地投入，注意力最集中，有助于学习和认知水平的提高。孩子通过自言自语也锻炼了语言表达能力，也是孩子独立处理问题的一个好机会。一般来说，孩子在独处或与不熟悉的人在一起，遇到不熟悉的环境时，自言自语的情况多。当与父母以及小朋友在一起时自言自语发生得就少。孩子在自言自语的时候，家长不要打断孩子，也不要横加干涉。通过孩子的自言自语，家长可以了解孩子的想法和不足的地方，选择适当的时机给予引导。随着孩子逐渐长大，内部语言的逐渐发育，与人交往增多，自言自语的现象就减少了。

怎么引导孩子叙述在幼儿园里发生的事情

Q 我的孩子3岁了，每次去幼儿园接他时，我看到同班的小朋友大多数能够把一天的活动内容向家长叙述清楚，可我的孩子却不会说，这正常吗？

A 语言是我们接受知识、表达智慧情感、与人交往的工具。3岁的孩子是口头语言发育的关键期，也是词汇量积累的时期，还是长久记忆力开始发展的时期。孩子叙述发生过的事情实际上是语言和长久记忆力发展的一个具体体现，也是孩子的思维过程。每次复述的过程都是孩子根据大脑里储存的信息，通过自己思维然后再组织语言表达出来，对于一个刚3岁的孩子来说是有一定难度的。所以，开始的时候，家长不必强求孩子将幼儿园一天的生活复述下来，而是启发他讲一件最有趣的事情，根据事情的发生过程连续发问。例如，家长问孩子：

——你的好朋友叫什么名字？

——你们在一起都玩什么游戏呀？

——这个游戏好玩吗？给妈妈讲一讲！

通过这样的启发和连续发问，孩子就会逐渐回想起在幼儿园和小朋友一起玩的事情，并通过语言表达出来。问完之后要表扬孩子说得好，然后家长再连贯起来复述一遍，再问孩子：“妈妈说得对吗？”当得到孩子肯定时，就对孩子说：“妈妈也希望你以后这样向妈妈讲述。”孩子就能逐渐学会如何复述在幼儿园里发生的事情了。

平时，家长也需要让孩子进行这方面的训练，培养孩子养成阅读的好习惯，尽量给孩子提供适应年龄段的图书，给孩子讲故事，带孩子看戏剧和影视节目，增加孩子的词汇量。之后，让孩子复述听到的和看到的故事情节，也可以让孩子模仿故事中小动物或小主人公的表演。这样既练习了孩子的语言表达能力，也锻炼了孩子的记忆力和表演能力。让孩子先给家长表演，然后给客人进行表演，只要有一点儿进步都要给予表扬，让孩子增长信心，使孩子乐于张口。另外，家长不要常常当着孩子的面去表扬别人家的孩子语言表达能力有多强，这样的比较往往容易挫伤孩子的自尊心，孩子丧失信心就更不愿意表达了。

学习认字从什么时候开始比较好

Q 我的孩子3岁，对学汉字不感兴趣，就爱玩游戏。我不愿意自己的孩子输在起跑线上。请问孩子几岁学习认字合适？

A 中国少年儿童出版社曾经举办过一次学前儿童双语国际教育研讨会，来自京沪两地的教育专家认为，孩子学汉字的最佳年龄段为3～6岁，让孩子及早阅读对培养孩子学习兴趣有利而无害。过去我国小学教育从学习汉语拼音开始（大约6周时间），然后看图读拼音识字，这种方式不利于孩子思维的发展，而且由于识字晚、识字少，远远不能满足孩子智能的发展。如果孩子在上学前认识2000字左右，就基本解决了孩子阅读的问题。而自2018年开始实施的部编本小学语文新教材就已有所改进，把拼音学习推后个把月，先认一些汉字，再学拼音，而且边学拼音边认字。

以上专家们的观点也符合蒙台梭利有关敏感期的早教观点。蒙台梭利认为，4岁以前是形象视觉发展的关键时期。中国汉字是由象形文字演变而来，具有形、象、义的特点。而且，一些文字各个部分的排列很容易让人产生一幅画的感觉，如果将字拆开，每个部分又可表达一定的意思，且一般与原来的字有着相关的联系。读出一个汉字就代表这个字的含义，而且还可以与不同的字配对组成不同含义的词语；有的字可以由几个不同但与这个字相关含义的字组成；所以孩子学习认汉字时很容易与现实生活中的实物联系起来并明白它的意思，而引起学习的兴趣。

这种观点也符合全脑发育规律，因为汉字是象形文字，是一个图形，所以在教孩子认字的过程中就是认识图形的过程。图形认识能力是典型的右脑功能。首先家长必须明确：不能让孩子为认字而认字，走上死记硬背的强化左脑的道路，而是通过认字培养孩子的细微观察力和思维力，因为一些汉字确实需要仔细观察才能认识对。例如，报和极、这和过、地和他、大和太等，孩子必须比较找差别，经过思考才能认识准确。一些不同的字还能组成新的字，如“日”和“月”可以组成一个新字“明”，因为在古人时期，人们认为日月交辉会大放光明。这种组字对孩子来说就像是游戏和猜谜语一样，可以激发孩子学习的兴趣。因此，认识汉字还有助于孩子的注意力、观察力、想象力、思维力和记忆力的发展。

在3岁这个阶段，让孩子学习认字，

有些超前教育，除非孩子对文字感兴趣，愿意学习认字，那么可以作为一种孩子的特殊兴趣进行培养。如果孩子对文字不感兴趣，也不愿意学习，这是很正常的，因为这个阶段的孩子最主要的“工作”就是游戏，他感兴趣的也是游戏。苏联教育家马卡连柯曾经说过，游戏在儿童生活中具有极其重要的意义，具有与成人活动、工作和服务同样重要的意义。儿童在游戏中怎么样，当儿童长大的时候，在他许多方面的工作也会怎么样。因此，未来的活动家，首先要在游戏中开始。游戏是孩子的需要和工作，也是孩子的权利。在婴幼儿的生活中，尤其是幼儿阶段，孩子一天的主要时间应该是在游戏中度过。父母和孩子一起游戏，能够进行感情交流，有助于孩子保持良好的情感。通过在游戏中父母的鼓励，孩子可以建立自信心，有助于以后更好地面对竞争的社会。在游戏过程中，孩子学会了与人交往以及与他人合作的本领。

因此，家长可以掌握一些认字的技巧，在游戏中以寓教于乐的方式来教孩子。只有孩子喜欢的东西，他才对它充满兴趣。孩子有了兴趣，他的思维才最活跃，也才爱学习，学习的东西也最容易记住。而且，父母通过和孩子一起游戏，还能够仔细观察孩子，发现他存在的某些问题，从而更好地引导他，使自己的教育更有针对性。其实，在游戏中能够教给孩子很多的知识，关键是家长需要不断地学习，时时处处充满教育的理念，做一个有“心”的家长！

举个例子来说，妈妈和孩子玩老鹰抓小鸡的游戏，在抓和被抓的过程中，孩子跑、跳、双臂张开，练习了动作协调以及平衡感。孩子在做老母鸡保护小鸡的过程中懂得了同情心，学会了帮助别人，也理解了鸡妈妈的爱，这又在情商方面给了孩子教育。玩过了老鹰抓小鸡的游戏，妈妈还可以让老鹰抓其他的动物，如小鸭、小鹅……让孩子说出动物的名称，又练习了孩子的发散思维。孩子说出的动物越多，说明孩子发散思维越好。如果说到小鹅，妈妈还可以问问孩子小鹅是什么样子的，是不是脖子很长，是不是有些弯曲，它叫的时候是什么样子的，它的脚是什么样的，怎么在水里游。通过孩子的回答，或者给孩子看小鹅的图片，然后教孩子学古诗《咏鹅》。如此一来，在游戏的过程中，孩子很轻松地学会了许多知识。

在日常生活中，父母也可以用身边的实物、孩子熟悉的物品和事来教孩子。例如，将路边的路牌、居住小区的名字、家里人的称谓做成字卡，再把家具贴上各种各样的字条，柜子就写一个“柜”、镜子就写一个“镜”，与实物联系在一起认字，也能引起孩子认字的兴趣并记忆得好，因为形象的东西要比抽象的东西记得快、记得牢。用这种方法，孩子也能够认识很多的字。以后再给孩子买一些他喜欢的绘本（字少画多的绘本），在给他阅读的时候，孩子就可以学习指认绘本中的字了。

目前，有一些早期教育工作者利用家长对孩子期望值过高的心理，一直主张超前教育。这样做的结果是孩子大部分的时间被强制死记硬背，培养成机械的认字工具。虽然认字很多，但是孩子并没有理解这些字的意义，这样的记忆是不会形成长久记忆的。这种过度开发左脑，剥夺孩子享受玩的做法是不可取的。可能有的孩子在短时间内认识了很多字，但是由于他们没有学习的兴趣，没有自发的学习欲望，随着时间的推移，他们会逐渐落后于同龄人。这种强烈的反差，又使他们产生心理障碍，导致庸庸碌碌，没有作为，影响一生。

另外，我还想提醒家长，“不要输在起跑线上”是一句蛊惑人心的口号。起跑早的孩子不见得最早到达终点，起跑晚的孩子也不见得落后。家长不要被这种口号迷惑，也不要总是说别人家的孩子，拿人家的长处与自己孩子比，这样比的结果只能打击孩子的自信心。其实，在孩子的成长过程中，成为天才的是极少数，成为庸才的也是极少数，绝大多数的孩子都是普通、平凡的。只要我们能够挖掘出孩子的长处，用孩子的长处来带动短处的发展，让他成为一个对社会有用的人，我们就尽到了培养的义务，就是一个称职的家长。

如何培养孩子的阅读习惯

“

Q 在网络上听其他妈妈说，阅读对孩子的智力发育大有好处。请问多大的孩子可以进行阅读？如何培养孩子的阅读习惯？

”

A 孩子从出生开始就可以进行早期阅读的训练。

新生儿时期给孩子看黑白两色的图片，并指着图片的画面给孩子讲解，这样做可以训练孩子的听觉和视觉。家长还可以给孩子说儿歌、歌谣，使语言作为一种信息储存在孩子的大脑里。

孩子2个月以后可以给他看各种彩色的图片，因为这个时期孩子的色觉开始发育。孩子最喜欢的颜色依次为红、黄、绿、橙。

3个月时，孩子就会对家长的“念书”有了明显的反应。你就可以将颜色鲜艳的图书边给孩子看，边给孩子念。这样孩子通过看书和听书就得到了听觉和视觉的训练，更主要的是练习了孩子视听结合。

随着孩子的成长，6个月时注意、观察、记忆逐渐发育，由于家长不断地训练，孩子开始有了阅读的兴趣。尤其在10个月左右，孩子会更加喜欢图书。这时可以给孩子买故事情节简单、与他生活相关的只有三四页的书。他喜欢听家长给他念书，并能根据书的内容开始理解语言。

到了1岁，孩子会反复要求家长去重复同一本书中的故事，孩子大有不达目的誓不罢休的劲头。这也正是养成孩子阅读习惯的好时候。建议家长给孩子选择有四五页的书，让孩子自己翻看，并找出自己喜欢的。这个时候，孩子对语言的理解能力和语言的发音有了很大的进步，图书给了孩子语言发育的最好帮助。

2岁的孩子由于语言的迅速发育，不少孩子可以模仿大人在一旁自己说书。到了3岁，孩子就可以将家长给他念的书全背下来了。在念书的过程中，家长要不时地提出一些问题来询问孩子，促进孩子的思维和想象力。只要家长坚持进行亲子阅读，孩子就会对阅读越来越感兴趣，也就养成了阅读的好习惯。

通过孩子的早期阅读，可以刺激孩子的大脑发育，尽快建立神经系统的各种神经通路的连接，孩子也养成了好的阅读习惯，促进了语言的发育，丰富了各种知识，锻炼了观察力、记忆力、注意力、想象力、思维力。亲子阅读还增进了亲子之间的关系，图书的内容也给予孩子良好的素质教育，有助于孩子全身心的成长。

另外，给孩子挑选书籍时，家长需注意以下几点。

- 挑选颜色鲜艳的书，能够给予孩子良好的视觉刺激；
- 书的内容要根据不同的年龄段有所侧重；
- 内容简洁明了，适合孩子理解；
- 小婴儿的书最好能够清洗，不容易撕坏。

孩子不喜欢看绘本、听故事怎么办

Q 我的孩子2岁多了，非常喜欢听音乐，只要乐曲响起来马上就会全身舞动，很有节奏感，也喜欢看邻居小哥哥演奏乐器，而且还会跟着乐曲哼哼唱唱，但他却不喜欢听我给他讲故事。针对这种情况我该怎么办？

A 每个孩子喜欢的东西都不同，上面这个宝宝就很有音乐方面的天分，可以让他多听优美的中外名曲，认识和分辨各种乐器，提高孩子音乐方面的素养。也可以多带孩子去听儿童演奏的音乐会，激发他内心学习音乐的欲望，等到了合适的年龄不妨让孩子学习一门他最喜欢的乐器，培养和促进孩子音乐智能的发展。

陪孩子看绘本、讲故事是为了培养孩子阅读的兴趣，让孩子从小建立阅读的好习惯，还可以扩展知识领域，更好地提高认知水平。2岁多的孩子可以看一些画多字少的绘本。家长可以选择一些孩子喜欢听的故事或者绘本，通过带着孩子阅读和讲解，启发性的提问，训练孩子的观察力、记忆力和积极思维，并促使孩子的语言表达能力提高。亲子阅读是提高孩子智力水平的一个很好的手段，还增进了亲子之间的感情。语言智能和音乐智能是不能截然分开的，而且孩子对音乐的理解也离不开语言的准确表达。家长不妨换个方式将音乐和讲故事结合起来，如听配乐讲故事，然后提出一些问题来问孩子，启迪孩子回忆听到的故事。几次之后，还可以让孩子给家长讲一遍刚听到的故事。孩子可能不会连贯讲下来，没有关系，家长可以进行提示，鼓励他讲给你们听，这样便锻炼了孩子的语言表达能力，让孩子由被动的听换成了主动的讲。不管孩子讲得如何，家长都要给予孩子表扬，使孩子获得自信，更加乐于用语言表达。于是，孩子提高了语言表达能力，也养成了阅读图书的好习惯。

孩子看书时为什么反复看同一个地方

Q 我的宝宝1岁，他很喜欢图画书，但他只需要我告诉他“这是苹果”或“这是小猫”，而且每天晚上睡前必须不断翻书，指来指去，乐此不疲。这样一来，我就没有时间把故事扩展一下了。孩子是不是太固执了？

A 孩子进入幼儿期阶段，有一个共同的特点，就是按程序办事，即使挨批评责骂，也不能改变他。孩子每天晚上睡前喜欢看书，不断地翻书，不断地让家长指着，正是这个阶段孩子的特点。实际上，孩子已经将书的内容记住了，只不过孩子喜欢家长这样做，希望借此引起家长的注意，也显示了他的能力，体现了自我存在的价值。家长需要懂得孩子在这个阶段的心理特点，以满足孩子的要求。同时，家长可以利用这个特点，让他在不断的翻看中练习记忆，丰富知识。家长也可以适时地换新的图书，但是一定要在孩子已经对这本书不感兴趣时再换，而且要选择颜色鲜艳的、书的内容是他知道的身边事物、故事情节简单的绘本，这样才能引起他的兴趣。孩子通过这样反复的看和指，会将更多的知识信息储存在大脑中。

这个阶段的孩子注意力持续时间为3～4分钟，他的思维是直觉动作思维。也就是说，只能在行动的过程中进行思维，不可能预示行动的结果。因此，他的思维只能局限在画面的“苹果”“小猫”，不可能和另一个事物去联想，所以也就不可能让家长给他扩展故事情节和理解内容。家长不要操之过急，随着天天带孩子看书和阅读，以及孩子想象和思维的发育，故事扩展会逐渐引起孩子的兴趣，孩子也会养成阅读的好习惯。

孩子总在抢书、撕书怎么办

Q 宝宝1岁，只要我看书，他就喜欢抢夺书，并拿过来摆弄两下就开始撕，我再夺过来，他就很不高兴，甚至又哭又闹，用玩具分散注意力也不行。我该用什么办法引导他？

A 刚1岁的孩子正处在对什么都好奇、都喜欢去探索的阶段。当妈妈看书时，引起了孩子的好奇，因此从妈妈手中抢过书、摆弄书来满足自己的好奇心。这个阶段正是孩子精细动作发育的时候，通过翻书练习了手的动作尤其是拇指和他指的对捏以及手指捻的动作，体会手的工具作用。当孩子在玩的体会中发现撕书也很不错时，他就要去撕书。撕书也让孩子体会了自己手指的力量，练习了手指精细动作的协调。撕书发出的美妙声音对孩子来说是听觉刺激和因果关系的体验。当孩子对这项活动兴趣甚浓时，妈妈却把书夺过来，孩子当然不高兴了，因此用哭闹来反抗。

当孩子喜欢摆弄书并且喜欢撕书时，为了训练孩子精细动作和动作的协调性，家长可以将自己废弃的书和报纸给孩子摆弄和练习撕纸（玩后记住给孩子洗手）。为了让孩子从小学会阅读，家长可以给孩子买布书，最好是有触觉刺激的书。婴幼儿主要是以无意注意为主，有意注意时间很短，因此教孩子读书（实际上是看书、听书）要掌握好时间。1岁左右的孩子读书主要是给予感官上的刺激，如视觉、听觉和触觉。不妨让孩子自己翻书，教会孩子掌握拇食指对捏、捻的动作，学习翻书。我相信通过这些亲子活动，孩子能学会不少东西，而且也增进了亲子之间的感情。

从小进行双语教育好不好

Q 我的孩子已经2岁多了，现在不少幼儿早教班都在进行双语教育，请问孩子在学习母语的时候进行双语教育好吗？

A 语言是人类进行社会交往和表达个人思想情感的重要工具。语言是后天学得的，是学习一切知识的基础。语言的发生和发展对婴幼儿的认知水平的提高起着非常重要的作用。随着我国与外国交往的日益频繁，培养孩子从小学习外语也成为家长的一项重要任务。孩子什么时候学习外语好呢？目前，一些人认为孩子越早学习外语越好，因为孩子到了6岁以后对语言形成记忆的功能就会衰退，最后消失。但是，绝大多数专家认为“越早学习外语越好”是一个认识上的误区，这不符合儿童发展的规律。

根据儿童身心发育的规律，0～3岁是母语发展的关键期，应尽量避免第二种语言的干扰，保证母语的发展。3～6岁是母语的巩固期，还是母语优先，但可以开始适量地学习外语。这个时候引入外语主要不是让孩子学会，而是引起他对外语的兴趣。孩子通过看外语的动画片、听外语的歌谣，感受外语的语音节奏，感知世界的多元化。多感受一些异域文化比多背几个单词或多学几句口语要重要得多。孩子应在6岁以后再系统地学习外语听、说、读、写。让孩子过早地接触各种语言，很容易引起语言思维的混乱，孩子反而连母语都不能很好地掌握。

需要提请注意的是，孩子学习第二种语言所处的环境是十分重要的。如果其所处的生活环境是以母语环境为主，仅靠课堂教授第二种语言，那么孩子学习第二种语言发音准确率往往低于以第二种语言为生活环境的孩子。具备双语学习的环境，如生活在国外的华裔子女，学习第二种语言就相对于在中国学习外语的孩子来说容易得多，不但毫不费力气地掌握第二语言，甚至连俚语都能够熟练地掌握，而且还发音准确。因此，家长需要注意给孩子创造一个小的双语环境。如果家庭有条件进行外语训练（发音正确的外语训练），尤其是父母外语不错，可在家中创建一个外语环境，对孩子能够正确熟练掌握外语是非常有好处的。如果孩子只是在早教班进行双语教育，死记硬背外语单词和句子，这样的双语教育是不可取的。

孩子对数学不感兴趣怎么办

Q 我的孩子3岁了，我教他数数，他不爱学，教他10以内的加法，他更不感兴趣，这可怎么办？

A 数学离不开数字，而数字是一个很抽象的东西，如果不结合具体的物体教学，对于处在形象思维阶段的孩子是很难理解的。孩子对于数字的认识有一个发展过程，8～9个月是孩子分辨多少和大小的关键期，但这是模糊的、笼统的判断。孩子到1岁才有“数”的初步概念，例如认识“1”，必须结合具体物体，1根手指、2个苹果等。4岁之内，孩子可以掌握10以内的数字，5～6岁才是掌握数学概念的关键期，学习加减法速度会很快。如果不按孩子的发展规律来教，孩子就不能够理解，学起来就没有兴趣。

如果希望孩子对数学产生兴趣，不妨采用以下的方法。

首先，在日常生活中让孩子明白数字的意义。家长可以将10以内的数字形象化、具体化，如每个人有1个鼻子、2只手、10根手指，家中有5口人（爷爷、奶奶、爸爸、妈妈、小宝宝）等。家长还可以通过吃饭前让孩子摆筷子、碗，学习数的概念，也让孩子学会为他人服务。

其次，让孩子学会10以内的数字排序、数字大小及其意义。

最后，让孩子分发食品来学习4～5以内的加法和减法，同时孩子也学会了分享。加法与减法也可以结合实物或数手指头来完成，让孩子通过心算来进行加减法运算对3岁的孩子是不合适的。

如何培养孩子的音乐智能

Q 我的孩子才5个月，我想培养他音乐方面的喜好。但看到周围的同事逼迫孩子去学习乐器，孩子总是哭哭啼啼不愿去，我该怎样培养孩子呢？

A 音乐是一种聆听的艺术，指人敏锐地感知音调、旋律、节奏和音色的能力。音乐智能从小就可以培养，我们虽不可能要求每个孩子都成为音乐家，但是通过音乐才能的培养，陶冶了孩子的情操，使孩子精神愉快，有助于孩子创新思维和潜能的充分发展。

音乐智能的发展可以分为三个阶段。

- 第一阶段：喜欢听音乐。
- 第二阶段：能够正确且富有感情地演唱或演奏出旋律。
- 第三阶段：能够作词谱曲，以抒发他们的情感。

既然音乐是聆听的艺术，因此就离不开“听”。孩子一出生就具有了听力，小婴儿应该去听大自然中的各种声音，如人声的鼎沸、山林的寂静、潺潺的小溪流水声、雷雨的轰鸣、呼啸而过的列车、鸟语蜂鸣……有心的家长还可以将这些声音录制下来，给孩子播放，并让孩子分辨。随着成长，孩子逐渐学会分辨各种声音的音高、节奏、音强和音色。

另外，家长还需要创建一个音乐环境。当孩子吃饭时，可以给孩子播放古典音乐；当孩子游戏玩耍时，可以播放欢乐的乐曲；当孩子要睡觉时，可以播放摇篮曲或小夜曲。需要注意，这些乐曲不能分贝过高，否则对孩子的听力有损害，而且孩子也不可能有聆听的兴趣。另外，在聆听各种乐曲时，不妨带着孩子配合乐曲韵律做有节奏的肢体动作或者有节奏地敲击一些物体，让孩子逐渐感知音乐的旋律和节奏，培养孩子的节奏感，有助于提高孩子的音乐感受力和理解力。

当孩子2～3岁时，可以教孩子说有韵律的歌谣，让孩子学会“吟诵”——孩子最初的歌唱就是吟诵，然后逐渐发展节拍感和多种韵律持续性的感悟，由吟诵发展为歌唱。吟诵和歌唱不但需要听觉器官去感受这些音乐的美妙，而且还需要通过自己的嗓子和动作进行体验，包括音乐的旋律和语言。孩子4～5岁就进入对声音和音调敏感性发展的关键期。

模仿是孩子学习的一种方式，家长应根据孩子不同年龄段的发展特点，引导孩子去模仿自然界的各种声音以及各种歌曲和乐器，鼓励孩子自编、自唱。同时，家长要给予及时的鼓励，逐渐使孩子对唱歌或乐器产生兴趣，进而产生学习音乐的动力。

音乐是情感的艺术，开发孩子的音乐潜能是需要在长时间、潜移默化的过程中进行的。因此，要想让孩子学习某种乐器，必须引起孩子的兴趣，产生自发的学习欲望，这样孩子才能学习得愉快，才能学会这种乐器。但是，每个孩子的天赋是有差异的，也不是每个孩子都喜欢学习音乐或乐器，强迫孩子去学习他不感兴趣的东西，把学习音乐看作一种负担，这样不但学习效果不好，而且孩子会产生逆反心理和厌恶情绪。因此，家长在挖掘孩子的音乐天赋时要抱着一种平常的心态，既不要横向攀比，也不要急功近利。有的孩子虽然不喜欢唱歌或学习乐器，但是由于从小在音乐环境中所受的熏陶，孩子养成了聆听音乐、喜欢在音乐的环境中生活和工作的习惯，同样也达到了我们培养孩子具有音乐素质的目的。

育儿链接：孩子对学琴不感兴趣怎么办

霍华德·加德纳教授提出的多元智能理论认为，人类有多种智能，这些智能彼此独立又相互关联，可能其中的某一种或两种占主导地位，其他若干种智能处于次要从属地位。有的孩子在音乐方面的智能欠缺一点儿，在其他智能方面就会好一点儿，因此需要家长细心地观察孩子，发现孩子的潜能。如果孩子对学琴确实不太感兴趣，而且确实没有音乐方面的喜好，我建议不要强迫孩子，因为孩子不感兴趣的东西是学不好的。虽然 3 岁左右是培养孩子音乐才能的一个关键时期，但这要看孩子是否具有这方面的潜能。家长不能把自己的意愿强加给孩子，为孩子设计好今后发展的蓝图，否则家长会把孩子别的方面的潜能发展耽误了。如果孩子确实有音乐方面的潜能，例如：对各种声音很敏感，能够辨别各种乐器的声音；学唱儿歌一学就会，节奏分明；喜欢听音乐，时不时自己还会创造一些小调哼哼；那么，孩子不爱学琴可能是学琴的方式方法让孩子感到很枯燥单调，引不起兴趣来。因此，家长就应该改变学琴的方法，让孩子在玩的过程中引起兴趣。不妨在孩子有了一点点的进步时表扬他，让他在别人面前进行表演，赢得大家的赞赏，这样就会使孩子增强自信心，激发兴趣，产生学琴的动力。建议家长仔细分析孩子的情况后再做决定是否放弃学琴。

另外，现在很多家长送孩子学乐器的初衷是看到别人家的孩子都在学习乐器，觉得很羡慕，所以希望自己的孩子能够掌握一种乐器。要知道，每个孩子都有不同的特长，每个孩子生长的环境和个性也都不同，不要拿自己的孩子去比别人家的孩子，也不要看到别人家的孩子会什么自己家的孩子也要学会什么，更不能拿自己孩子的短处去比别人孩子的长处。家长要明白，自己的孩子是独一无二的，要根据孩子的特点去培养，这才是父母应该做的。

孩子的注意力不集中怎么办

Q 我的宝宝3岁，天生活泼好动。你教他时，他总是不好好学，东张西望，但有时候却发现他已经学会了。这是怎么回事？如何才能使孩子注意力集中？

A 3岁左右的孩子天性好说、好动，对周围的世界充满了好奇，注意力总是容易被更有趣的事情吸引，因此会不断转移注意力。孩子只有对感兴趣的事物才能引起注意，注意力才能集中。如果家长教他的东西是他不感兴趣的，被动地让他接受，孩子注意力就不会集中。

对于感兴趣的东西，3岁孩子的注意力也不可能持久。这是因为大脑皮层的发育是注意力的生理基础，经过刺激后，大脑皮层的一定区域会产生优势兴奋中心，其他区域相对呈抑制状态。优势兴奋中心的兴奋性越高注意也就越集中，但是婴幼儿的大脑皮层没有发育成熟，兴奋和抑制过程还没有充分发展，因而不能长期保持优势兴奋中心。当注意集中一个事物后，孩子容易发生生理饱和，再看到有趣的事情，之前的神经细胞就会发生抑制，因此兴奋中心由一个区域转向另一个区域，孩子的注意也就改变了。3岁的孩子注意时间也就10分钟左右。

注意力又分为有意注意和无意注意，这个阶段的孩子主要是以无意注意占优势，有意注意时间比较短。对于家长说的"你教他时，他总是不好好学，东张西望，但有时候却发现他已经学会了"，其实就是无意注意将教的内容已经作为一种信息储存在孩子的大脑里，必要时就再现出来，因此家长就发现他已经学会了。此外，有意注意受大脑发育水平的局限，由大脑的高级部位控制，是在外界环境特别是成年人要求下逐步发展的。家长要针对此特点进行培养。

注意力是孩子学习的基础，让孩子学习知识，首先就要在注意力稳定的时间内进行。如果孩子的眼神和体态表示注意力已不集中，就停止学习。每天可以学习多次，逐渐延长每次的时间。

对于婴幼儿来说，新颖的、鲜艳的、强烈的、活动的、多变的、具象的事物才能够引起他的兴趣，对有兴趣的事孩子才能注意力集中。

因此，家长在指导孩子学习时要做到以下几点：

- 明确孩子学习的目的，选择的学习

内容要适合孩子的年龄段；

●给孩子创造学习的环境，排除各种转移孩子注意力的因素；

●引导孩子多做一些需要动手的活动，如折纸、捏橡皮泥、画画、拼图等，在玩的过程中引起孩子的兴趣，提高孩子的有意注意，延长注意的时间；

TIPS：宝宝连玩玩具都没有常性怎么办

曾有一个妈妈问我："张老师，宝宝已经快3岁了。都说玩具是孩子的好朋友，因此我很喜欢给孩子买玩具，亲戚也给孩子送了很多遥控的玩具，整个屋子都摆满了他的玩具。可是我的孩子没有常性，每个玩具玩一会儿就又去拿另一个，没有一个玩具他是认真玩的。这孩子怎么连玩玩具都没有常性啊！我该怎么办？"其实，这个妈妈说的"常性"就是大家通常说的耐性或者持久的注意力。孩子没有耐性，可能是因为孩子不感兴趣的缘故。除了前面说到的3岁左右的孩子的注意力仅有10分钟的特点外，孩子"每个玩具玩一会儿就又去拿另一个"，也有家长的问题，因为家长给孩子创造了一个容易转移注意力的环境——"整个屋子都摆满了他的玩具"。的确，玩具能引起孩子的兴趣，但孩子的本性是好奇，总喜欢新奇的玩具。由于玩具多，孩子的兴趣很容易转移，久之还容易产生厌烦的情绪，而失去认真钻研和进一步探索的精神。对玩具"喜新厌旧"是所有孩子的共同特点，但是这样不利于孩子认知水平、专注力和坚持性的培养。

●最好家长陪伴孩子一起玩，在玩的过程中家长给予引导，同时也便于家长发现孩子的特长。家长要不断创造机会让孩子多学习和体验，一旦孩子获得成功，家长给予表扬，使孩子自信心大增，其注意力就会有更大的发展。

曾有一项研究，把孩子分为两组，第一组给一大堆玩具，第二组只给两三个玩具。经过一段时间，研究者发现第二组的孩子对玩具研究得更为透彻，而且专注力更好。

另外，如果玩具中有很多遥控玩具，孩子不能够动手、动脑筋去研究，自然兴趣很快会转移。所以，玩具绝非越多、越贵、越高级越好。对于这种情况，我建议父母可以先藏起一部分玩具，等孩子玩过一段时间，对现有的玩具不再感兴趣的时候，家长再把藏起来的玩具拿出来给孩子玩。刚拿出来的玩具又重新唤起孩子的兴趣来。另外，过多的玩具得来全不费功夫，孩子自然也不懂得珍惜，这样也就容易养成孩子大手大脚浪费的坏习惯。

根据孩子的生理和心理的特点，我建议家长按以下方法做。

●所买的玩具必须是孩子喜欢的、感兴趣的，因为孩子感兴趣的玩具才能让孩子注意力集中。这种玩具孩子必须能够亲手操作，而且还需要动一番脑筋。最好带着孩子一起去选购一些适合他玩的玩具，如拼图、插画、镶嵌的玩具。这些玩具很容易让孩子集中精力，好好玩一段时间。如果妈妈和爸爸与他一起玩，给予一些启发和诱导，孩子的有意注意时间更长。当孩子玩的过程中遇到困难，家长要鼓励孩子，和孩子共同研究。当孩子成功时，家长一定要好好表扬孩子，让孩子对自己充满了自信心，更乐意去尝试。

- 先收藏起来一部分玩具以备轮换，留下来的玩具家长要和孩子一起找出多种玩法，这样可以开拓孩子的思维。如果有的玩具已经损坏，家长要和孩子一起修理，引起孩子的兴趣，训练动手能力，还可以废物利用，让孩子明白得到一个玩具不容易，应该爱惜，同时孩子还学习了一些维修知识。多余的玩具不妨送给有需要的孩子。让孩子亲手送别人，在他人的感激声中让孩子感受到分享的快乐。

- 不要轻易答应给孩子买玩具，要将买玩具作为孩子表现好（这种表现是孩子能够做到的）的一种奖励。当着孩子的面做个记录，这样就能很好地约束孩子的行为，同时也让孩子明白，一个喜欢的玩具必须通过自己的努力才能够得到，孩子也就懂得爱惜了。

- 给孩子一个存放玩具的空间，先帮助孩子分类放好，然后鼓励宝宝将玩具按颜色、用途、机械和非机械来分类。这样孩子不但学会了分类，还养成了整洁、生活有条理的好习惯。

多灌输知识孩子就会更聪明吗

Q 我的孩子已经3岁了，我整天就是带着孩子玩。同事都说我不注意给孩子学习各种知识，将来会影响孩子的智力发育。难道多灌输知识孩子就会更聪明吗？

A 现在一些家长对于孩子的智力开发存在着一定的误区，认为只有拼命地给孩子灌输各种知识，而且孩子学习各种知识足够早，才能够提高孩子的智力，因此非常注重孩子的知识学习。

智力是学习、认知的能力，是适应新环境的能力，并使个体和环境间取得平衡。美国心理学家加德纳教授认为，在一个或多个文化背景下，智力被认为是有价值的、能解决问题的，或能制造产品的能力。智力的水平由观察力、注意力、记忆力、想象力、思维力以及语言能力等诸方面所决定，而知识则是人类为了自己的生存，在与自然界、人类社会奋斗过程中通过自己的思维总结和概括的经验。因此，学习知识和智力提高互相关联，但不是一个必然的、正相关的因果关系。高智商的人不一定拥有丰富的知识，拥有足够知识的人不见得智力超群。关键是不但要积累知识，而且要掌握思维方法和解决问题的能力，这不是靠死记硬背一些知识所能得到的。

3岁以前的孩子应该按照他的生理和心理发育的特点，培养各种生活能力和良好的生活习惯，为孩子将来学习知识和提高智力水平打下良好的基础。游戏是孩子的工作，玩是孩子的天性。通过玩和游戏的过程，孩子获得各种知识，而不是违背孩子的天性，让孩子坐下来去死记硬背一些知识，而忽略了智力发展的诸多因素。不过，在带孩子玩的过程中要利用孩子的兴趣，因势利导地给孩子讲授各种知识，提出各种问题，帮助孩子提高解决问题的能力。我相信，这样做孩子肯定会积累更多的知识，而且这些知识掌握得很牢固，孩子的智力水平也会大大提高。

让孩子自由成长就是什么都不管吗

Q 我的孩子已经3岁了，看到现在很多家长让孩子学这学那，我觉得孩子学得太累了。我想应该让孩子自由成长，随心所欲地去玩、去发展。这样做好吗？

A 让孩子自由成长，随心所欲地去玩、去发展，是目前一种育儿的观点。关于这种观点，我来谈一谈我的看法。

就像我在前文所说的，孩子的天性是玩，孩子的工作也是玩。孩子在玩的过程中可以获得种种信息和生活经验，也学会了很多的生活技能。孩子在学龄前主要的学习任务就是在家长有意识的引导下，到大自然中去多看、多听、多见识、多体会，将从感官获取的大量信息和生活经验，储存在大脑的仓库里，以备今后所用。

发明化学物质“苯”的科学家，当初不知道如何用分子结构式来表示这种物质，百思不得其解。有一天他做了一个梦，梦见蛇头咬蛇尾。他醒来后想：“我为什么不能把苯的分子结构式用六边形表示出来呢！”如果这位科学家没有见过蛇头咬蛇尾，没有这个信息储存在大脑里，他就不会有这个联想。

举这个例子就是想说明应该让孩子在学龄前好好玩，多长见识，让孩子的大脑多储存各种各样的信息，以备日后的取用。见识少的孩子不是聪明的孩子。

而且，为了孩子智能和情商的更好发育，不能过早地让孩子背上学习的负担，去干他们不感兴趣的事情，剥夺孩子快乐的童年。家长也不能过早地为孩子设计未来的蓝图，其实家长的这种努力往往到后来是竹篮子打水——一场空。

然而，让孩子自由成长，并不意味着放任不管。那种“树大自然直”的养育观点是不可取的。没有规矩不成方圆。孩子生下来面对大千世界需要不断地学习，才能适应外界的变化生存下来。孩子的大脑就像海绵一样，不断吸收外界的一切，包括好的和坏的行为习惯、生活经验和大自然中的各种知识。孩子没有是非之分，需要家长的正确培养和引导。在玩的过程中，家长将有关知识告诉孩子，让孩子从小就明白什么是他应该学习的，什么是他应该摈弃的。家长要用一定的规则来约束孩子的行为，使孩子能够健康地成长。同时，家长也需要细心观察孩子，发现孩子的各种潜能，给予相适应的指导，让孩子在成才的道路上走得更远。

在教育孩子的过程中，家长的自身素质也得到了提高，这是双赢的事情。

宝宝特别爱问问题好吗

Q 我的宝宝不到2岁，最近看到什么东西，包括看书都要问“这是什么”，甚至讲过几遍的问题，他也明知故问。当你回答说“不知道”时，他就准确地说出答案。我不知道是孩子真的不知道，还是我们说得不够？

A 进入幼儿时期的宝宝经常会问“为什么”或明知故问，这是因为孩子在这个时期好奇心强，求知欲非常旺盛，不但要认知他遇到的一些事物，而且喜欢重复发问，反复强化已经知道的知识，进而牢牢地储存在自己的大脑中。问问题是孩子的大脑在思考的外在形式，也是孩子探索精神的体现。一个好问的孩子说明他的观察力强，能够在观察中发现一些问题，并及时询问自己不明白的问题，同时也说明孩子确实在思考问题。在这个时候家长就应该认真回答孩子的问题，满足孩子的求知欲，而不是搪塞孩子。有的时候，孩子提出的问题家长确实回答不出来，不妨对孩子说："你提的这个问题很好，可是妈妈也不知道，我们一起看看书吧！"这样既赞扬孩子提的问题很好，也帮助孩子通过阅读书本找出答案，促使孩子更喜欢阅读。至于"讲过几遍的问题，他也明知故问"，说明孩子想引起家长的关注，家长就要好好检讨自己是不是与孩子沟通得少了，关注孩子少了，并进行改进。

但是，如果孩子习惯了从小遇到问题就求助身边的人而不会自己去独立思考，就会使孩子的依赖性增强，这样发展下去对孩子的成长也是不利的。所以，在回答孩子的问题时，家长可以在旁辅助，引导孩子去独立思考，鼓励孩子独立解决问题。

怎么拓展孩子的思维

Q 我的孩子快3岁了，我觉得他思维一点儿也不灵活，甚至有些笨。例如搭积木，明明告诉他这样搭肯定会倒塌下来，可他偏按照自己的想法搭，结果积木塌了，他才按照我说的去搭。孩子是不是有点儿笨？我该如何培养孩子的积极思维？

A 思维是属于人的高级认识能力，是智能的核心。婴幼儿思维具有自己的特点，即思维在动作的过程中进行。婴幼儿一般是先做后想，边做边想，行动没有事先的计划和预定的目的，也不会预见行动的后果，动作一旦停止，思维活动也就结束了。因此，3岁左右的孩子离开实物就不能解决问题，离开玩具就不会游戏，不能预见行为的后果。婴幼儿对具体的、形象的、感兴趣的事喜欢思维，而且思维很简易，即凭自己以往的生活经验去套用，因此常常做出不正确的判断和不正确的结论。孩子不按家长说的搭积木，不是孩子思维不灵活，也不是孩子笨，是心理发育局限所决定的。孩子只有在不断地反复学习和体验的过程中，通过自己的思考，才能提高自己的认知水平。所以，孩子按照自己的想法去搭积木，尝试失败，积累经验，就会知道今后如何搭积木才会更坚固、更美观。其实，孩子的这个尝试的过程也是一种积极的思维，每个孩子思维发展都要经历这样的过程。

家长应该根据孩子思维发育的特点在生活中和游戏中给予引导，所以我建议家长要多学一些婴幼儿心理发育的理论。

同时，家长应该允许（在没有危险的情况下）孩子按照自己的想法去尝试，允许孩子在做的过程中失败。当孩子失败后，家长与孩子一起找出失败原因并鼓励孩子重新再来。

思维具有流畅性、多发性和概括性的特点，根据这些特点在生活中家长可以找到很多培养孩子积极思维的方法。例如，孩子在帮忙择菜时，家长可以问："你知道还有哪些绿色的蔬菜？"当孩子顺利说出几种的时候，家长就要表扬孩子，亲亲宝贝："真好，以后说得再多就更好了。"这样可以训练孩子思维的流畅性，使他对自己充满信心，还愿意去努力。思维的流畅性是需要孩子多到大自然中去，获得更多的信息量。给孩子讲故事时，不妨先不说结尾，让孩子自己编出来。可能孩子编出的结尾各种各样，甚至可笑得不合乎逻辑，但是这样做练习了孩子思维的多发性。思维的多发性实际上是孩子将来创造性的一个源泉。将各种颜色的积木混在一起，让孩子按照颜色或者形状进行分类，这是训练孩子思维的概括性。如果带着孩子在野外玩，家长告诉孩子不能离家里人远了，并问他如果走丢了，找不到家人会怎么样，妈妈又会怎么样。这样的提问训练了孩子的逆向思维，也对孩子进行了安全防护教育，扩展了孩子的想象力。又例如，和孩子一起利用旧玩具创造新的玩法，也能开拓孩子的思维。以上是开拓孩子思维的一点点建议，相信家长在亲子游戏中一定会发现更多促进孩子积极思维的方法。

家长切忌处处以自己的想法给孩子设置框框，剥夺孩子动手的权利、动脑的机会，阻碍孩子思维力的发展。当孩子异想天开时，家长不要嘲笑他，这是创造性思维的苗头，家长要给予鼓励。

另外，我还要提醒家长，要欣赏孩子，不要说自己的孩子笨，这样的暗示会影响孩子的发展。要知道，孩子不能客观评价自己，常常以别人对自己的评价来评价自己。

CHAPTER 4

情绪情感

孩子笑不出声来正常吗

Q 宝宝50多天了，是混合喂养。他出生时各方面都正常，但现在却不会出声地笑。请问孩子这样是不是有问题？

A 笑是一种积极、愉快的情绪，是人获得满足的情绪表现。笑也是婴幼儿与人交往的一个基本手段。他们通过笑引起别人的关注，因为人们都喜欢笑脸长驻的孩子。

但笑的发生和发展是有一个过程的，在新生儿期，孩子常常在睡眠中表现出微笑，这是一种反射性的笑，不需要任何外来的刺激就可以发生。有的孩子的微笑仅表现为嘴角动动。孩子到100天左右，逐渐发展出对有的刺激能够回应微笑，特别是人的声音和面孔，但不管对方是笑还是生气，孩子都报以微笑，这是一种无选择性的微笑。4个月以后，孩子才开始对不同的人有不同的微笑，出现选择性的社会性微笑，这才是真正意义上的微笑。

孩子一般在4个月时出现有声的笑，7～9个月时最明显。不同的刺激引出孩子出声笑的情况也不相同，例如，4～6个月触觉刺激最有效，7～9个月社会性刺激、视觉和触觉刺激最有效，10～12个月社会性刺激、视觉刺激更有效，触觉刺激吸引力下降。科学家研究发现，环境以及抚养者的态度和行为对于孩子笑的产生有重要的作用。例如，孤儿院的孩子比普通孩子笑的产生（4个月）要迟1个月。如果在孩子出现出声的笑以后，看护人不断用微笑来强化孩子的笑，孩子看到的笑多了，自己就会笑得更多。

50多天的孩子还不能发出声音，孩子的微笑可能就是在睡眠中咧嘴或动动嘴角。家长平时要注意多和孩子面对面进行交流，同时将各种表情表现给孩子看，对孩子进行视觉刺激，加速孩子笑能力的发展。

1岁的孩子面对陌生人哭闹不止怎么办

Q 我1岁的宝宝自小由爷爷奶奶带，前几天才到我这里。那天家里来了很多客人，他近乎歇斯底里地哭喊，23点多都还没睡。好不容易睡着了，我发现他左脚会时不时抽动一下，后来就停止了。这是什么原因呢？

A 孩子由于从小是由爷爷奶奶养育，来到陌生的环境、遇见陌生的人就会出现警觉、恐惧、焦虑，甚至出现反抗。而且，家长的活动又打乱了他的正常生活节奏，因此孩子显得十分痛苦。1岁左右的孩子不能很好地表达自己的心理活动，其心理活动有突出的外显性，感到恐惧和焦虑就会大哭，甚至歇斯底里地哭闹。实际上，这是他受到惊扰，在反抗的表现。由于环境的刺激，孩子过于紧张，这个时期孩子的神经系统发育又不成熟，睡眠时大脑皮层的相关部位还处于兴奋状态，就会出现脚的抖动。当孩子处于深睡时，大脑皮层兴奋的部位受到抑制，脚抖动就停止了。因此，家长要理解孩子，当孩子还不能接受陌生人和陌生的环境的时候，家长应该有耐心，给孩子一定的关爱，并亲近他、安慰他，帮助他解脱困境，让孩子慢慢熟悉环境。孩子逐渐在日常生活中体会到父母对他的关爱，逐渐会信任、接受父母，使得父母的家逐渐成为孩子熟悉世界的一部分，并进一步喜欢它。

孩子特别认生，不和其他小朋友玩怎么办

Q 我的孩子已经2岁8个月了，可是他不和其他小朋友玩。家中来了客人，他总是躲在大人的身后，从来不敢正视客人。只要客人一走，他就活泼起来。我该怎么引导孩子，让他不再怕生？

A 孩子认生是心理发育中的一个阶段。认生情感发生有有利的一面，即起到保护孩子的作用。当孩子对陌生环境、陌生人或者陌生事物不了解时，他无法判断是否安全，因此认生情绪的产生会保护孩子。认生主要在婴儿后期和幼儿早期出现，其对于大一点儿的孩子也有不利的一面，即阻止了孩子社会交往行为发生。一般2岁多的孩子开始有与他人进行交往的欲望，而由于认生情绪存在，就出现了不和其他小朋友玩，家中来了客人，总是躲在大人的身后，从来不敢正视客人的情况。这可能与所处的家庭环境以及接受的教育有关。现在的孩子基本上住在楼房里面，与小朋友之间接触得少，再加上家里人很少和外人交往，家庭环境比较闭塞，使孩子不能获得与人正常交往和合作的生活经验。出现这个问题主要责任在家长。我建议，多让孩子接触其他年龄的小朋友，刚开始接触的时候，家长一定要在身边，因为孩子需要有一个安全的保护伞。先从说一句话、握一次手开始，让他逐渐能够接受别的孩子。家长也可以邀请小朋友到自己家来，让孩子把自己的玩具拿出来，或者让小朋友把他的玩具拿来，大家一块儿玩。这样孩子就觉得，小朋友的玩具自己没有玩过，愿意跟小朋友玩，就逐渐产生了和小朋友合作的欲望。另外，家中来了客人，家长要带着孩子一起招待客人，只要孩子有一次表现得不错就要表扬他，使他获得自信，以后孩子就乐于这样做。同时，家长也要经常带孩子去朋友家做客，尤其是有孩子的朋友家。家长只要肯创造机会，让孩子与其他小朋友多接触，让他体会到与人交往的乐趣，认生情绪自然会消失的。

1岁的孩子特别黏人应该顺着他吗

Q 我的孩子1岁2个月，特别爱黏着妈妈，只要妈妈在家，就总要求妈妈抱抱。我应该顺着他吗？会不会太娇惯他了？

A 孩子小的时候特别黏妈妈是正常的现象，这是一种依恋的表现，也是孩子的必然心理现象。如果不是这样，反而会给孩子未来的生活埋下隐患。家庭是最能够给孩子温暖和信心的地方，这是因为亲子之间温暖、亲密、连续不断的依恋关系所致。孩子适度的依恋，即常说的适度的黏人，能让他获得安全感、满足感和愉悦感，还有助于孩子建立自信心，将来能够成功地与他人交往。

人是一种社会化的动物，生下来由于养育者对他的精心照顾以及与他感情上的交流，使得婴儿和养育者之间产生了感情的联结，形成了依恋关系。而母婴之间的感情联系具有先天基础，一般孩子在6个月～2岁对养育者产生明显的依恋行为，同时对不熟悉的环境或人产生认生情绪和不安全感，所以孩子如果离开了依恋对象就会失去安全感，产生分离焦虑情绪。

孩子在7个月以后学会了爬，能够自主移动自己的身体，活动范围逐渐扩大，他的认知范围也扩大了。语言的发育为他与人交往创造了条件。如果孩子与父母建立了安全的依恋关系，孩子便能勇于离开妈妈自如地探索外界，因为孩子相信妈妈不会丢弃他，当他需要妈妈的时候，妈妈会及时地给予他保护。

如果在依恋期，家长对孩子的态度反复无常，突然不告而别或欺骗孩子，不履行诺言，会造成孩子的恐惧、不安全感。有的家长过分呵护孩子，不敢放手，使孩子变得胆小，不敢离开母亲，安全依恋就无法建立，孩子就特别黏人。这样对孩子来说，在一定程度上就失去了与人交往和认识事物的学习机会。

随着孩子生长发育，家长要经常带孩子参加一些聚会，让孩子去接触养育者以外的人。当孩子在1岁左右开始尝试与同伴交往时，家长要在旁边鼓励他，帮助孩子逐渐学会互相注意，学习如何与小同伴对话，互相如何给予玩具，以至互相模仿。孩子2岁以后发展到相互合作、互补和互惠活动，这将是孩子社会交往发展的转折点，为以后学习分享、交流感情、建立同情心打下良好的基础。2岁以后，孩子就要逐渐习惯和母亲一段时间的暂时分离，并习惯与他人玩耍和交往。

为什么孩子总不让我省心

Q 我妹妹的孩子因为先天性心脏病住在我这儿等待手术。照顾这个孩子就够累的了，可我3岁的孩子还不让我省心，原来大小便都能够向我们表示或者告诉我们，可是自从我妹妹和她的孩子来后，他却经常尿湿裤子或者将大便解在裤子里。我的孩子为什么不进步反而倒退呢？

A 因为妹妹的孩子是先天性心脏病，身体比较虚弱，大人全部精力都在照顾这个孩子，给予这个孩子的呵护多，而忽略了自己孩子的情感。快3岁的孩子不会了解别的孩子身体不好，需要家长更细致地照顾，因为这么大的孩子处于“以我为中心”的阶段，一切从自我出发，他只是知道自从那个孩子来后，妈妈不关心他了、不爱他了，尤其是当妈妈累了以后可能对孩子说话的语气变得不耐烦。为了引起大人的关注，他就尿湿裤子或者将大便解在裤子里，借此引起妈妈的注意和呵护。孩子的思维就是这样简单。妈妈在护理别的孩子时多和自己的孩子说话，一个关注的眼神，一个搂抱亲吻的动作，对孩子来说都是莫大的心理满足。同时告诉孩子，小弟弟生病了，我们一起帮助他做点儿事，让孩子也参与进来。妈妈也要告诉孩子，今天如果大小便前告诉妈妈，妈妈就更喜欢他了，而且还会奖励他一本喜欢的书。

为什么孩子喜欢说假话骗人

Q 我的孩子已经1岁半了，话说得很不错。可近来我们发现这个孩子会说假话骗人。例如让他吃饭，他却说要拉“臭臭”，待我们把便盆拿来，他不但不拉大便，而且还笑。让他睡觉，他却要“尿尿”，可是拿尿盆来，他根本没有尿。我很担心这么小的孩子就会说假话骗人，养成习惯怎么办？

A 1岁半的孩子思考问题是以自我为中心，这一阶段的孩子即将进入第一反抗期，并且出现骄傲和自豪的情绪，孩子喜欢显示自己的力量和成功，容易出现逆反心理。孩子在与外界接触的过程中通过自己不断地摸索、不断地学习、不断地积累生活经验，来满足自己在物质生活上和情感上的需要，进一步融入这个社会中去。他需要家长对自己的关注，同时孩子也在揣摩用哪种方式能够获得家长对自己的关爱，因此就出现了吃饭时要求大便，睡觉前要求小便的行为。通过几次实践，他发现只有这样家长才会围着自己转，自己才被关注，因此他很乐意重复去做，以达到自己的目的。孩子由于认知水平的限制并不懂得他说的这些话是假话，是骗人的，而且也不会准确地把握自己需求的表达方式。希望家长不要以成年人的观点和思维来理解孩子，否则无形中就给孩子的行为上纲上线了，这对孩子是不公平的。另外，希望家长多多关注孩子，满足孩子情感上的需求，随着孩子认知水平的提高和家长正确的引导，孩子会建立良好的道德观。

孩子到底在怕什么

“

Q 我的孩子已经2岁多了，昨天我给孩子讲了《大灰狼的故事》。今天晚上，我去厨房做饭，孩子不让我去，说害怕大灰狼进屋吃了他。孩子为什么会这样？是被我讲的故事吓坏了吗？

A 家长应该多关心孩子情绪情感的发育。孩子出生后就有本能的、反射性的恐惧，如突然的降落、疼痛和突然的大声等。随着成长，不愉快的经验也可以引起孩子的恐惧，同时视觉发育逐渐对恐惧产生了作用。如果家长给孩子讲的故事不合适，就会引起孩子的恐惧。

恐惧是一种消极的情绪，孩子处于恐惧的状态中思维会受到抑制，很大地影响着孩子的认知，限制活动，造成退缩和逃避。如果孩子长期经受恐惧，会严重影响个性形成。当然，适度的恐惧可以让孩子提高警惕，促使他逃离和远离危险。

不同时期的孩子会对不同的事物产生恐惧的情绪。

- 0~6个月：对突然的体位改变、声响，以及噪声都会产生恐惧。
- 6个月～1岁：会对陌生人和陌生环境产生警觉和恐惧情绪，出现认生的情况，且在1岁达到高峰。同时，孩子出现恐高情绪。一般在6～8个月（有的孩子在5个月左右）孩子会产生认生情绪，对陌生人恐惧。这个时候的孩子对陌生人特别警戒，拒绝接近他们。同时，孩子还可能害怕陌生的环境、怪异的物品、没有经历过的情况等。

- 1～2岁：开始产生分离焦虑。这时的孩子最怕与亲近的家人分开。

- 2岁以后：开始对死亡、黑暗、独处、绑架等因素产生恐惧情绪。恐惧情绪发展达到高峰。

对此，家长需要注意以下几点。

- 给孩子讲故事尽量不要超过孩子的认知水平，不要诱导、刺激和加剧孩子产生恐惧的情绪。

- 某些恐惧情绪的产生与家长不当的教育有关，应当尽量避免。例如，不要用语言和事例来吓唬孩子，并将其作为教育孩子的一种手段，否则长期下来容易造成孩子胆小、怯懦、退缩的个性。

- 当孩子出现恐惧的情绪时，家长要及时发现给予孩子适当的安抚和鼓励，例如采用暗示的方法，“宝宝和妈妈一样都不怕大灰狼”“宝宝像门鼻、门闩、门吊（《大灰狼的故事》中的人物）一样勇敢，不怕大灰狼”，帮助孩子克服恐惧的情绪。

孩子产生恐惧思想是正常的，如果家长人为地利用孩子的恐惧心理来吓唬孩子以达到教育目的，则是不可取的。这样不利于孩子良好个性的发展，家长必须加以纠正。

TIPS：孩子一听迪斯科舞曲就害怕怎么办

曾有位妈妈说自己的孩子比较内向，平时听儿歌或是一些比较轻柔的音乐还挺有兴趣，一听像迪斯科舞曲这样的音乐就很抗拒，捂着耳朵要离开，好像很害怕似的。妈妈觉得孩子胆子太小，问我怎么办。

其实，像前面说的一样，孩子出生后就有本能的、反射性的恐惧，而随着记忆的产生，以往不愉快的经验都可以引起孩子的恐惧。1岁以后，由于孩子想象力、推理能力的发展，他开始对黑暗、意外的高分贝声音、动物或想象中的物体害怕。迪斯科舞曲属于高分贝音乐，对孩子的听力是一个损害。我国规定，白天社会生活噪声应低于50dB，夜间应低于45dB。儿童长期暴露于80dB的噪声环境中，致聋哑率可达50%，智力比在安静环境中下降20%。因此，孩子听到高分贝的声音会自卫般地保护自己的听力，捂着耳朵躲开。孩子的这些表现是正常的，不是胆小，我希望妈妈不要给孩子听这种高分贝的音乐。对于孩子喜欢儿歌和轻柔的音乐则应该鼓励，并且及时发现孩子音乐方面的潜能给予开发。另外，希望家长多带孩子外出游玩，让孩子多与其他小朋友接触，使孩子更好地适应外界的环境并学会与人进行交往，发展个性。

1岁多的宝宝爱假哭是怎么回事

Q 宝宝1岁2个月，最近喜欢哭着玩，就是咧着嘴，耷拉着眉毛，委屈的样子，“嗯嗯”地小声哭，有时候还照着镜子哭，可又不是真哭，这是怎么一回事？

A 孩子到了1岁，自我意识萌发，时时处处以我为中心思考问题，可是又离不开对父母的依赖和依恋。为了显示自己的存在，引起家长的关注，孩子就采取了“哭”的办法。根据以往的生活经验，哭是一个很好的法宝。通过哭，家长开始关注他。这么大的孩子思维就是这么简单、具体、形象，因此常常做出不正确的判断和结论。

另外，孩子对着镜子哭，而且是假哭，也是一种对哭的行为的好奇，并且对镜子中“我”的表情进行探索和思维。有的孩子也可能认为这是在做游戏，在和家长玩呢。

如果孩子以哭作为要挟大人的手段，家长对于孩子这种无理取闹的行为，不予理睬，淡化这个行为，说不定孩子一会儿就会因为另外的一件喜欢的物品而破涕为笑呢。如果家长过分关注孩子的这个行为，实际上就是在强化这个行为。

用哄骗来让孩子停止哭闹可以吗

Q 我的孩子快3岁了，经常为一点儿小事哭闹不已，弄得我们很狼狈。为了缓解气氛，有的时候我们不得不采取哄骗和威胁的办法。这样做暂时还真能起作用，但是时间一长也就失去了作用。这样哄骗孩子可以吗？

A 我们总说要尊重孩子、尊重孩子的人格，要把孩子作为一个独立的人来看待，可是在实际生活中，家长往往做不到这一点。例如，家长有的时候哄骗孩子，经过几次，孩子就会认为大人说话不算数，对家长失去了最起码的信任。家庭是孩子生下来的第一课堂，父母是孩子的第一任老师，孩子获得的生活经验和做人的道理首先从这里开始，孩子对这个世界的信任也是从这里开始。因此，家长的言行对于孩子来说是最可靠的也是最可信赖的。3岁左右的孩子考虑问题是表面的、简单的、固定的，而且凭借经验，根据孩子思维的这个特点，家长不能哄骗孩子，也不能说话不算数。如果孩子最信赖的父母都在欺骗他，孩子就容易对他人产生不信任感，他会认为大人说话是“说一套，做一套”，不利于孩子的人生观和价值观的建立。孩子将来也会效仿家长说谎。2.5～3岁是给孩子立规矩的关键期，1～7岁是培养孩子良好行为习惯的关键期，因此这一阶段家长必须重视培养孩子全面素质发展。

如果孩子经常为一些小事哭闹不止，可能与家长经常哄骗孩子有关，造成孩子对家长不信任，同时孩子也学会了用哭闹来要挟父母，以达到自己的目的。为了养成孩子良好的行为习惯，家长必须在家庭中制定一定的规矩，告诉孩子家有家规，到公园或其他公共场所也有规矩需要遵守，这一点是毋庸置疑的。而且，包括父母在内也要遵守规则，谁破坏了规矩都要受到惩罚。同时，父母对于孩子的合理要求承诺了就必须兑现，说话要算数。对于孩子的无理要求，家长应坚决拒绝或者淡化处理。如果家长为了摆脱狼狈的处境，最后答应了孩子的要求，实际上是强化了孩子的不恰当行为，孩子以后还会这样做。因此，家长一定要说到做到，不哄骗孩子。

孩子摔倒后为什么越哄越哭

Q 孩子1岁半，平时由我或保姆看着时，摔倒后都是自己爬起来又继续去玩。但是，爷爷奶奶看着孩子时，只要孩子一摔倒，爷爷奶奶就会大惊失色地跑过去，又是哄又是安抚，孩子却哭得更厉害了。这是为什么呢？

A 痛是一种主观感觉，受心理、情绪影响很大。幼儿对事物的判断是以大人的情绪表现为参照的。越小的孩子痛觉就越小，所以幼儿摔后的痛觉不像大人想象中的那样痛。当妈妈或保姆看着孩子时，孩子因为看到大人很平静的表情，本来自己也不觉得痛，因此就表现得不在乎了。由于爷爷奶奶在孩子摔倒后紧张的表现，反而使原本不一定疼痛的孩子，受到大人紧张情绪的感染，认为自己确实是摔痛了，而且越哄越觉得疼痛，于是也觉得害怕了，所以爷爷奶奶越哄孩子反而哭得越厉害了。这就像冲锋陷阵的士兵一样，即使受伤也不觉得痛，但是如果情绪悲观失望，就会加剧疼痛的道理一样。因此家长只要检查孩子没有什么问题，就鼓励孩子自己站起来，并且对孩子的积极表现给予及时的表扬，让孩子明白摔倒没有什么，自己能够勇敢地站起来。这样做孩子会逐渐坚强勇敢，也培养了好的品质。当然如果孩子确实摔伤了，需要马上送医院。

孩子爱忌妒别人怎么办

“

Q 我的女儿已经3岁了。如果家里来了孩子，只要我们夸奖他，我的女儿就不高兴。最近一次，我们全家三口去同事家做客，面对同事家懂事的、已经上学的孩子，出于礼貌和内心真实的感受我们大声称赞时，女儿竟然哭起来了，还说：“他不乖，我才是好孩子呢！”我的孩子怎么这么爱忌妒人？

A 孩子从1岁就开始有了明显的忌妒心理，而且会毫不掩饰地表现出来。尤其是3岁的女孩可能表现得更明显些。孩子的思维很简单，也不善于控制自己的情绪，他们不喜欢自己依恋的亲人去爱别的孩子，去夸奖别的孩子，认为爸妈这样做是喜欢别的孩子而不爱自己了，害怕爸妈离开自己，甚至为了不让爸妈去搂抱其他的孩子而去攻击别的孩子，做出一系列的过激反应，来发泄自己不满的情绪。孩子会这样可能与家长平时的教育有关。如果家长经常夸奖自己的孩子，孩子在赞誉声中生活，但这么大的孩子不可能对自己有客观评价，而是以家长的评价作为自己的评价，因此孩子认为自己是最优秀的，听惯了表扬就不允许家长去夸奖别的孩子。还有的孩子因为有强烈的表现欲，一旦失去表现的机会，或者自己确实在某一方面不如别人，也会产生忌妒情绪。

有研究表明，女孩在3岁时比男孩忌妒表现得多一些，男孩在11岁时比女孩忌妒表现得多一些。

对于孩子的忌妒表现，家长需要注意以下几点。

- 家庭成员之间要尊老爱幼，谦虚礼让，不在家议论他人、说三道四。教育的最高境界是潜移默化，孩子生活在一个经常贬低别人、抬高自己的家庭里，他的忌妒心理也会逐渐膨胀起来。

- 客观评价自己的孩子，正确掌握表扬和批评的度，使孩子能够正确认识自己。
- 家长要尊重自己的孩子，既不能拿自己孩子的优点去贬低其他孩子，同样也不能拿其他孩子的优点来指责自己的孩子，尤其是当着别人来批评自己的孩子，以免孩子产生自卑或对抗的心理，进一步转化为忌妒。

应不应该让孩子感到羞愧和内疚

Q 我的孩子由于爷爷奶奶娇惯，越来越霸道。一天他的小表弟来家中玩，每个孩子都分到三个草莓，我的孩子把小表弟的草莓抢过来吃了。我让他给小表弟道歉，他不肯还大哭起来。奶奶说："不就是多吃几个草莓吗！他才3岁，干吗责怪他！"对于孩子的霸道行为，我难道不应该让他感到羞愧和内疚吗？

A 羞愧和内疚虽然是负面的情感，但是它是孩子情感生活中的正常部分。适度的羞愧和内疚感对孩子的成长是必要的。孩子在1～1.5岁时随着认知水平的提高和自我意识的发展以及开始的社会交往，逐渐产生羞愧、内疚等情感。这是与社会性需求有关的情感体验。当孩子做出了应感到羞愧和内疚的事情时，孩子却没有理会，家长就应该启发他的羞愧感和内疚感。这种情感虽然让孩子处于一个痛苦状态中，但能让孩子纠正自己的行为，留下深刻的印象，更好地促进孩子的社会化。这种情感的体验甚至可以影响孩子的一生。需要注意的是，让孩子产生一定的羞愧感和内疚感后，家长还应引导孩子尽快从羞愧感中解脱出来，回到正向的情绪中去。脑神经生物学专家也明确指出，一些羞愧的情绪有助于刺激右脑更快地建立有关情感体验的神经通道的连接，如果家长能够帮助孩子及时地从羞愧中复原过来，那么孩子在感情和自律能力上都能均衡地发展。如果长期处于羞愧中，神经通道就会做错误连接，造成孩子自闭、脾气暴躁，甚至产生暴力倾向。因此，家长要适度地让孩子感受羞愧和内疚，只有这样孩子才能逐渐建立正确的道德观，有助于培养孩子良好的个性。

CHAPTER 5

行为与性格

怎么让孩子养成好习惯

Q 我的孩子2岁多了，由于是老人带着，养成了许多不好的习惯，如吃饭需要追着喂，一上商店就要买玩具，不买就满地打滚，还喜欢撒谎等。我应该怎样培养孩子的好习惯呢？

A 人类的行为十之八九是习惯。所谓习惯就是某种行为经过反复强化，逐渐稳定下来，成为一种固定的行为模式。孩子生下来以后，由于所处的环境不同，学习到不同的生活方式和不同的知识，接受的教育也不同，养成不同的行为习惯，因此长大以后就会出现很大的差别。婴幼儿正处于生理、心理快速发展的重要阶段，也是形成各种习惯的关键时期。一旦变成了好习惯，就会成为人的一种需要，是一种省时省事的自然力。为了孩子的健康成长和终生的幸福，家长需高度重视孩子的习惯培养。

孩子是一个天生的学习者，其学习方式主要是观察模仿。孩子一出生就开始了模仿，如新生儿期喜欢模仿大人的表情，婴幼儿期喜欢模仿大人或小朋友的动作行为等，在模仿中孩子学会了许多技能，提高了自己的认知水平，养成了很多的行为习惯。

环境对于孩子的习惯养成起着重要的作用。

- 人文环境。居住区里有没有各种文化娱乐设施，周围邻居的素质水平等，都影响着孩子。因为同在一个社区，每个孩子都带着各自家庭的行为习惯，这里有好的习惯，也有坏的习惯，孩子相互之间的影响是很大的。

● 家庭环境。不同的家庭由于处于不同的文化背景下，不同的社会地位、不同的价值观、不同的教养方式、不同的习俗以及渗透到父母思想感情中的不同道德伦理观念，都会影响其给予孩子的教育。孩子首先是把父母当作楷模来模仿学习的。“近朱者赤，近墨者黑”就是这个道理。

除了良好的内外环境，家长还要有正确的教育理念和一定的方法。家长要尊重孩子、爱护孩子，给予孩子最大的自由发展空间，但同时也要用正确的规矩约束孩子的行为，使孩子通过教育将这些规矩转变成发自内心的个人需要，为他今后遵守法制和道德观念打下良好的基础。当孩子的模仿获得成功，家长应给予表扬，使这个行为得以强化；当孩子的模仿是错误的，应该给予批评乃至惩罚，使孩子的错误行为消退。

孩子有了坏的习惯，家长首先应该从自己身上找原因，例如家长有一些坏的习惯、家长粗暴的教育方式、家长的娇惯纵容等，然后及时给予纠正。如果到了上学年龄再纠正就要费力了。

那么，如何纠正问题中涉及的这些坏习惯呢?

● 关于追着喂饭。孩子吃饭一定要在固定场合，周围环境安静。孩子有能力自己吃饭后，鼓励孩子自己吃，不要怕孩子弄脏衣服、桌面，当孩子自己吃完，要鼓励表扬孩子。家长也可以用一些奖励孩子的手段，如自己独立吃完饭在纸上画一朵花，攒够5朵，可以奖励孩子喜欢的一件玩具或一本书。通过正强化他的这个行为，逐渐养成孩子独立吃饭的好习惯。如果孩子还是要追着喂饭，那么家长可以减少这顿饭，告诉他不吃就不要吃了。当孩子饿了要吃饭时，就告诉他没有饭，必须等到下一顿吃。这样孩子记住自己挨饿的难受滋味，就会在下一顿好好吃了。

● 关于孩子喜欢撒谎。有的孩子不能明白想象和真实有什么区别，他把想象的事情当成真实的事情说出来，以致家长以为孩子在撒谎，其实是孩子的思维能力局限所致。对于这样的孩子，家长应该有意识地引导，教会孩子如何看待和分辨事物。有的孩子撒谎是因为家庭和周围环境的影响，模仿他人的行为造成的。有的家长对孩子非常严厉，非打即骂，使孩子不敢说实话。当孩子第一次撒谎，家长又没有及时制止时，孩子尝到撒谎的甜头，以后会继续撒谎。对于这样的孩子，家长首先要检查自己是不是有不当的行为，给了孩子一个不好的榜样，是不是由于自己的教育方法不对头造成孩子说谎。家长应尽量让孩子远离低俗的环境。孩子这种撒谎必须纠正，适当的时候可以采取惩罚的办法。

● 关于上商店就要买玩具，不买就满地打滚。如果家中的玩具已经够多了，那么就要告诉孩子去商店不能再买玩具，否则就不去商店，和孩子做一个协定。如果孩子愉快地答应了，而且确实没有买，就要表扬孩子，让孩子明白当天自己表现不错，以后促使他能够重复这个好的行为。如果孩子答应得很好，可到了商店还是故技重演，那么家长就要毫不客气地拉着孩子离开商店，并且告诉孩子自己很不高兴，是因为他今天的表现，而且决定一个月不能去商店更不能买玩具，以示惩罚。让孩子在惩罚中逐渐改正自己的毛病。

为了养成孩子的好习惯，家长必须做到以下几点。

- 立规矩。家庭是社会的一个细胞，孩子从小就应该守家规。因为没有规矩不成方圆，建立家规可以使孩子规范自己的行为，养成好的习惯，避免错误，为以后走出家外，学会遵守社会规则打下基础。

- 因时制宜。家长要依据孩子的年龄采用相应的方法培养良好习惯。例如，1岁前培养孩子良好的生活规律，1～3岁培养孩子正常的饮食和独立睡眠的好习惯。

- 方法得当。根据孩子的年龄特点，采用孩子喜闻乐见的方式，引导孩子养成良好的习惯。

- 统一思想。培养幼儿良好习惯特别需要施教者要求一致，特别是家庭内部成员（父母、祖辈及其他人）对孩子的要求要一致。

- 贵在坚持。培养孩子良好习惯不能想起来就要求一下，想不起来就听之任之。家长要有坚强的教育意志，立下规矩之后就应要求孩子坚守。经过日复一日的训练，孩子定能养成好习惯。

如何培养孩子的责任感

Q 我的孩子已经2岁了，有一天他要到马路外边走，姥姥不让，可是他非要走，结果摔倒了，孩子大哭。姥姥一边哄孩子，一边打着马路说：“谁让你摔我们宝宝，打你这个该死的马路。”姥姥这样做对吗？

A 这种情况在我们生活中经常碰到，成年人清楚这是安慰孩子的一个借口，但是幼儿却不会明白，他认为大人是绝对的权威，大人的判断就是对错的标准。因此，当姥姥将孩子摔倒的责任推给马路时，孩子就会认为摔倒不怪自己，应该怪马路。这样做的结果反而使孩子更觉得自己委屈了，姥姥也在不知不觉中给孩子灌输了推卸责任的思想，以后孩子就会效法，将自己做错的一切事情都推给别人。如果姥姥能这样说就好了：“看，到马路外面走是很危险的。不让你走，你非走，摔倒了吧？宝宝勇敢，自己能爬起来，掸掸土，下次要注意不能到外面走了。”既让孩子承担了不听话的后果，也让孩子在鼓励之下，能够勇敢地面对这次摔倒后的疼痛。通过这次摔倒，孩子吸取了教训，也学会了如何面对挫折，同时孩子也明白了做错事自己要承担责任，不能将责任推给别人。

从小培养孩子做任何一件事都要负责到底。在做事的过程中，孩子也学会了方法和技巧。不管结果是好是坏，孩子都要勇于承担自己的责任。成功使孩子有成就感，失败使孩子经受挫折，获得经验教训，鼓励孩子继续努力争取成功。在今后的生活中孩子会经常遇到成功或失败，我们在宽容和理解孩子的同时也要让孩子明白什么叫责任。从小培养孩子的责任心，为孩子将来形成良好的人格打下坚实的基础。

孩子胆子小怎么办

Q 我儿子2岁了，从小就出奇的胆小，陌生的事物、刺耳的声音都会让他惊惧。昨天带他去买鞋，他不敢试，硬性穿上就号啕大哭，还不敢站起来。平时他也不愿意和小朋友交往，只跟家中人或自己玩，我们该怎么办？

A 孩子胆小应该从心理发育特点和家庭教育中找原因。

对于刚2岁的孩子，由于认知能力和环境的适应能力有限，他们对陌生人、陌生环境、刺耳的噪声都会产生恐惧感，感到不安全，这是这个年龄段孩子心理发育的特点。孩子从学会爬开始独立行动，社会参照能力也会相应发展。他们判断面前的事物是否安全，需要从看护人的面部表情和言行来进行，从而决定自己的行动。家长可以带孩子多做户外活动，引导他观察、认知。当遇到新的事物或者前往新的环境，孩子用目光注视自己的时候，家长要用和蔼的语言去鼓励孩子探索，孩子就会通过接触、游戏，渐渐接受新事物。如果家长简单粗暴地干涉或者做出恐惧的表情，会引起孩子更大的恐惧。这不是孩子胆小的问题，是孩子心理发育的局限和看护人不当的教育所致。

以下是一些常见的看护人不当的教育

方式。

• 由于很多孩子都是家中的掌上明珠，平时娇生惯养，处处限制孩子的活动，孩子不能学习如何去适应陌生环境，这样孩子就不能获得与外界交往的经验。

• 家长要么专横暴躁，使孩子整天担惊受怕，没有安全感，变得胆小；要么照顾孩子过分周到，不让孩子经受任何挫折，使孩子不能独立，养成依赖家长的习惯。

• 孩子每次做事时，不管成功与否，家长总是采取否定的态度，使孩子丧失自信，唯唯诺诺。

• 家长本人的自卑情绪严重影响孩子，使得孩子也认为自己不行，什么事也办不好。

• 孩子曾经有受到严厉恐吓的经历，使他产生处处戒备的防御心理。

胆小的孩子以后是很难有作为的，以下给家长几个建议。

• 给孩子一个宽松的环境，放手让孩子去做他这个年龄段应该做的事情，家长不要包办代替。对于孩子自己独立做成功的事情，家长应该抱有赏识的态度，给予肯定，让孩子更有信心，以后敢于去尝试。当孩子做一件事有困难时，家长可以和他一起做，既增进感情，也让孩子体验成功的乐趣。

• 经常带孩子去各种不同的陌生环境，多长见识，并在这些活动中向孩子讲他能够理解的小常识，明白自然界中的各种现象，用以克服各种恐惧的心理。

• 当孩子表现得胆小，拒绝外人时，家长可以采取“请进来，走出去”的办法，即将相识的小朋友请到家中来，或者带孩子去其他小朋友家。最好让小朋友拿出孩子感兴趣的玩具和物品，让他们一起玩。如果孩子还不愿意和小朋友一起玩，也可以先让孩子在一边看。由于这个阶段的孩子好奇心强，慢慢会一起玩的。通过和熟识的人接触扩展到和生疏的人接触，孩子逐渐能够正常地和外人接触，这样就会胆大了。

• 让孩子克服胆小是一个循序渐进的过程，家长千万不能急躁。

孩子生病后怎么变得娇气了

“

Q 我的孩子已经2岁了，前些日子患疱疹性咽峡炎，高热5天，现在已经痊愈，精神食欲都恢复正常。可我发现孩子的脾气却变大了，他动不动就大叫，凡是不能满足要求的时

候，他就哭闹不停，而且时时要求我“抱抱”，寸步不能离开我。孩子为什么会这样？

A 生病会给孩子带来很大的痛苦，孩子也会产生烦躁不安和焦虑恐惧的心情。因此，父母会比平时更加关心和周到细致地照顾孩子，对孩子的种种要求往往百依百顺，只为孩子能够感到舒服一些。结果病好后，孩子常常因为一点儿小事大哭大闹，表现蛮横、任性、固执。如果家长没能及时地纠正自己的做法，时间一长，孩子就养成了娇气、任性的毛病，而且有的孩子可能还出现行为倒退的现象，如让妈妈“抱抱”，因此需要引起家长注意。

家长首先应该清楚，疾病在人的一生中随时都可能发生。实际上，孩子生一场病也是对机体免疫系统的一种考验，孩子本身也经受一次挫折的训练。家长要告诉孩子：生病就需要去医院治疗，而治疗可能就意味着打针、吃药。家长也不妨用孩子崇拜的偶像为例子，告诉他“×××就不怕打针、吃药，他可勇敢了”。当然，孩子生病需要家长在生活上给予很好的照顾，但是对于孩子不合理的要求即使在生病的时候该拒绝的还是要拒绝。对于孩子能够自己吃药，或者勇敢地接受打针，应该及时给予表扬，鼓励孩子战胜疾病的信心和勇气。平时，家长要多鼓励孩子自己做力所能及的事情，只有这样才不会在孩子疾病好了以后还表现得娇气和任性。

如果孩子已经出现娇气、任性的情况，我建议家长冷处理，对于孩子无理的要求，不要理睬他，使他知道大哭大闹是不能解决问题的。当他平静下来，家长再晓之以理。另外，家长应该多带孩子去外界玩玩，或者请小朋友到家中玩，新的兴奋点会引起孩子的好奇和探索，在和小朋友交往中逐渐摆脱对父母过度的依恋。

孩子怎么变成了两面派

Q 女儿答应我的事，在她奶奶面前就经常食言。她在我的面前表现得十分听话，可对她奶奶经常大喊大叫，十分不礼貌。究竟什么原因造成孩子两面派的做法？我该怎么办？

A 孩子是情绪的“俘虏”，而且孩子

的学习方式是以模式化学习为主，他的一双小眼每天都在观察所遇到的每一个人、每一件事。孩子通过自己的生活经验来验证所有事情的对错，实际上这也是孩子学习的一个过程。他们能分辨出在家里谁是最有权威的、谁没有，谁的话必须服从、谁的话可以不理。导致孩子出现这种情况一般有以下几个原因。

- 父母在家中有绝对的权威，平时曾经流露出忽视老人的言行或有不礼貌的行为，思维简单的孩子就可能认为老人的话可以不听。

- 平时父母对孩子太严厉，甚至动用体罚的手段，使孩子感到极大的压力，产生了恐惧的心理，所以对父母的命令言听计从。但是，内在的压力积累到一定程度必须进行宣泄，他不敢向敬畏的父母宣泄，只好向其他人宣泄。

- 家长的矛盾化教育，让孩子感觉大人说的是一套做的是另一套，使得孩子在认知行为上产生了困惑，容易引起孩子两面派的做法。

因此，家长平时需要注意自己的言行，时时、处处、事事提醒自己作为一个教育者，应该表里如一、言行一致地给孩子树立楷模形象，同时也要学会掌握教育方法，不能简单粗暴地对待孩子。家里人应该统一思想，对于孩子的教育口径一致，不给孩子找到可乘之机。另外，家长也需要提高自己的素质，尊重他人尤其是孝敬老人，避免自己平时不经意的一句话或举动给孩子造成负面影响，影响孩子一生。

这样逗孩子会对他有负面影响吗

Q 我的宝宝10个多月，最近他爸在带他的时候，喜欢把玩具放在他面前，等他用手来拿时，又突然拿走。这样反复好几次，直到最后孩子急得大哭。我觉得这样逗孩子不对，会让他产生受骗的感觉，是这样吗？

A 是这样的。孩子应该从小培养自信心，而自信心的建立又是在孩子每天生活中一点一滴地积累起来的。家长在培养孩子自信心方面有着义不容辞的责任。当孩子面前有一个他喜欢的玩具时，他通过自己的努力拿到这个玩具，体现了自己的力量，对自己充满了信心，这就是自信心的建立。这会使孩子以后更乐于通过自己的努力去获得喜欢的成果。如果逗孩子，把玩具放在他面前，不让他拿到，是很不好的。因为孩子是直观动作思维，他只能在动作中进行思维，不可能先想好了再去做，也不可能预想到事情的结果，因此他不可能知道这是大人在逗他，他只明白通过自己的努力不能得到他想得到的东西，这样孩子就会认为自己不行，对自己产生疑惑，丧失了信心。经过几次的努力，孩子达不到自己的目的，他就不愿意再去尝试，也就失去了学习的机会。如果家长经常这样逗孩子，还会让孩子认为大人的话不可信，让孩子失去了对别人的信任。这些对孩子将来的成长百害而无一利，所以家长不要这样做。

孩子总给自己鼓掌是骄傲吗

Q **我女儿快2岁了，在家里很活泼，什么都会说。当她完成一件事就给自己鼓掌，还夸自己“太棒了”。我担心她太骄傲会影响和别的小朋友相处。我担心得有道理吗？**

A 1岁多的孩子正处在一切思维从“我”出发，思维是简单、表面、绝对和直观形象的，不可能把问题想得全面和深层次。当孩子完成一件事给自己鼓掌，还夸自己“太棒了”时，她并没有从别人的立场去考虑问题。而且，孩子处在自我中心化语言阶段，说话并不一定要别人去听或要求别人做出反应，也不会从听者角度来考虑如何讲述。因此，家长不用担心孩子这是骄傲。孩子用词准确，而且对自己行为的肯定和自信是一种积极情绪和情感的反映。如果孩子没有了自信，怎么还有学习的动力呢？孩子有这个举动，可能也与家人的教导有方相关。当孩子完成某件事情时，大人曾经这样夸奖、鼓励过她，让孩子树立了自信心。孩子的学习方式主要是模仿，因此当孩子有了类似的经历，做出这种举动也是模仿的结果。当然，让孩子学会从别人角度上考虑问题，理解别人的感受，是每个家长应该做的，这需要在孩子成长过程中逐渐培养。

孩子犯了错不服管教怎么办

Q 我的孩子已经3岁了，近来错误不断，怎么讲道理他都不听。我又对他搞赏识教育，可也不见效。于是，我在他做错事后批评他，他还不服管教。当然，孩子这样与爷爷奶奶长期娇惯有关，可能也与我的教育方法不当有关，我该怎么办呢？

A 孩子是在不断犯错误的过程中成长，不犯错误的孩子是没有的。这么大的孩子对外界的一切事物可能都感到有兴趣和好奇，但是由于生活经验不足和神经系统发育不成熟，往往容易在探索过程中将事情搞坏，因为幼儿的思维不可能瞻前顾后，出现这些后果不是孩子的本意，而且孩子在尝试的过程中获得了宝贵的经验。孩子在不断犯错误、纠正错误的过程中逐渐成熟起来。因此，在处理孩子犯错时，家长一定要了解孩子生理和心理的特点，同时要理解孩子、尊重孩子。孩子是需要培养自尊心的，不能以成年人的标准（或者说成年人的价值观）来要求孩子。幼儿阶段是培养孩子健康心理的黄金时期，早期的生活模式和行为习惯都是在奠定基础，因此在教育孩子方面一定要掌握教育的艺术。赏识教育属于愉快教育理论，但是不能无原则地表扬孩子，否则会使孩子无法正确认识自己、评价自己。

另外，家长批评孩子要注意方法。

- 了解孩子犯错误的性质，是明知故犯的错误，还是由于生活经验不足导致了一种不好的后果。前者是需要批评的，后者则需要和孩子共同分析原因，帮助孩子将事情做好，让孩子在改正错误和不足的过程中学习到必要的知识。

- 批评孩子要就事论事，不能翻老账或者胡子眉毛一起抓，让孩子一头雾水，不知所措或引起反感，使批评失去效果。对年龄小的孩子讲道理是不行的，因为这个阶段的孩子缺乏足够的生活经验和判断能力，必须依赖家长强制性的教育管理。同时，批评要及时，否则时间一长，孩子就缺乏了必要的羞愧和内疚的情感体验，也就达不到最佳教育效果了。

- 对于屡教不改的孩子，家长要充分体现奖惩分明的作风。孩子如果屡次犯同一个性质的错误或者是明知故犯，而且这个错误会危及生命安全或者违反社会公德，就需要适度的惩罚。惩罚的方式多种多样，比如剥夺一项特权、面壁5分钟等。

- 对孩子实施了批评后还要注意孩子的情绪和行为表现。如果孩子愉快地改正了错误，要及时给予肯定。如果孩子情绪不佳，需要及时了解孩子的想法，消除孩子的误解和隔阂，让孩子接受批评，使批评达到最好的效果。

另外，孩子之所以不服管教，有时候也与家长在教育孩子方面有分歧有关。因此，家长要统一口径，意见一致，这样才能达到好的教育效果。

孩子总是说“不”，也不讲道理怎么办

Q 我家的宝宝2岁2个月，对什么不满，就发狠，用手打，而且你让他做什么，他总说“不”。我和他讲道理，他也不理我。我该怎么办？

A 2岁的孩子从心理上已经进入第一反抗期，这种反抗现象是婴幼儿成长进步的标志，是发展独立性、自信心、意志力、想象力等行为的关键时期。随着幼儿活动能力的增强，知识的不断丰富，孩子的需要发生了很大的变化，他时时处处要体现自己的独立和自主，力图脱离家长的控制，但是他又需要家长的帮助和爱抚，因此孩子发脾气也是希望引起家长的注意，关注他的存在。由于孩子还没有掌握适当的方法与家长沟通，所以出现这样的行为表现。同时也有可能是因为家长经常使用打骂的教育手段，孩子模仿了这些行为所致，这需要家长进行检讨。

有的家长总以自己的理念和生活经验去看待孩子的行为表现，而且不恰当地要求孩子遵守，因而引起孩子的种种反抗行为。有的家长甚至采取不理智的办法，如打骂、恐吓来让孩子服从自己，按自己的意愿去办，这样教育出来的孩子可能老实、听话，但个性得不到发展，反倒会影响他今后的成长。这样的孩子缺乏自信，性格软弱，依赖性强，还会产生自我否定的观念，影响身心发育。

当然，对待孩子这样的表现，家长也不能一味姑息、娇惯纵容，这样会使孩子更加固执任性，发展下去就会成为一个专横跋扈的“小霸王”。

对此，家长可以采取以下措施。

- 如果孩子提出来的要求合理，家长应该允许孩子做他喜欢做的、力所能及的事，并给予鼓励、保护和引导，以促进孩子自我意识的形成，动作技巧和能力的发展。
- 当孩子发脾气时，在不影响别人的情况下，允许他发泄，发泄过后要让他说明缘由，让孩子自己判定对否，并且要表

明家长对他的表现产生的不愉快心情。然后，家长告诉他这种事应该如何向大人表达，以获得别人的同意。

- 如果孩子坚持以自己的想法去做，在没有安全问题时，不妨让孩子去试试，让他体验失败，获得生活经验和教训。
- 对于孩子出格的行为和要求，家长可以转移注意力，“淡化”他的行为以及在适当的时候说“不”。
- 对孩子由于任性而造成的不良后果，家长也可以采取惩罚的办法，但是要注意方法，要就事论事，不要全面否定孩子（因为这个阶段的孩子是以大人对自己的评定而评定自己的）。家长可以采取批评、罚站（以3～4分钟为宜）、剥夺一项特权（如不买玩具、不上公园、不买书等）的方法。惩罚孩子时，告诉孩子妈妈是喜欢他的，但是不能容忍这种行为，因为孩子最怕失去家长的爱。
- 全家的态度要一致。

孩子不知道自己错在哪里怎么办

Q 儿子再过3个月就满3周岁了。那天他想看电视，我没有答应，于是他又扔东西又发脾气。我训斥他，他不听，就叫他罚站（出生后头一次叫他罚站）。看他站在那儿很委屈地哭了，我就问他：“妈妈为什么要你罚站啊？”他哭哭啼啼地说“妈妈发火了”，而不知道自己做错了什么事。这是我教育有问题，没有引导好的缘故吗？

A 3岁的孩子考虑问题具有表面、具体、缺乏灵活性的特点。他要看电视，但不知道这样会损坏眼睛（可能你没有告诉过他，或者曾经告诉他，但他忘记了）。家长强行不让孩子看，很容易激怒孩子，所以他才做出了扔东西的举动，大发脾气。训斥他、让他罚站，可孩子并不明白究竟是因为他要看电视，还是因为扔东西惹得妈妈发火而罚站的。既然孩子不知道自己究竟犯了什么错误，那么孩子就会感到很委屈，也不会接受教训。所以，对幼儿进行惩罚，必须让孩子明白为什么惩罚他，要就事论事，这样才能获得好的效果。

另外，家长要弄清楚孩子的要求是否合理。如果孩子要看的电视节目确实对增长知识有好处，不妨先给孩子录下来，以后有时间再放给孩子。不过，家长一定要告诉孩子："长时间看电视会损害你的眼睛。如果眼睛坏了，可就看不见你喜欢的电视了。妈妈把你喜欢的电视节目录下来，以后再给你看。现在咱们一起到外面去玩你最喜欢的游戏，好不好？"我想这样的做法既能保护孩子的眼睛，又能满足孩子以后看电视节目的欲望。而且，通过转移注意力的办法，家长轻松地把孩子的兴趣转移到其他的地方去，孩子的情绪也就稳定了。如果孩子看电视的时间确实不长（不超过20分钟）并且是有教育意义的动画片，我同意孩子继续看，因为孩子全神贯注地看电视也是有意训练注意力的一个好机会。

如何让孩子学会倾诉

Q 我的孩子已经3岁了，做任何事情都不知道向大人诉说，外出回来也不会向大人谈谈自己的感受，是一个性格内向的孩子。看到别人家的孩子都能向妈妈叙说自己的一些感受，我也希望自己的孩子这样，可是我不知道该如何启发他。

A 孩子的性格与气质是有一定的关系的。气质是天生的，没有好坏之分。但是气质受环境、人际关系、接受刺激和活动条件的影响，有一定程度的可变性。家长的教育可以针对孩子的气质，采用不同的方法，将孩子的性格塑造得更好。我们希望孩子能够准确地表达自己的感受，倾诉自己的感情，能够和别人进行交流。这里很重要的一条就是家长要善于启发和诱导孩子。有的家长过于溺爱孩子，将孩子照顾得无微不至，使孩子不用表达自己的需求就能得到满足，久而久之孩子就不爱表达自己的情感了。有的家长对孩子过于严厉，使孩子产生恐惧和胆小的心理，不敢表露自己的真实感想。一个孩子能够准确地把握自己的情感，同时能够将自己的感受准确地向别人表达出来，有利于孩子的情商培养，对于孩子的成长也是非常重要的。为此，家长需要做到以下几点。

- 给孩子充满理智的爱。爱孩子是任何一个妈妈爸爸都能做到的，但是做到理智的爱，恐怕需要家长正确把握自己，既不能溺爱也不能粗暴。家长要尊重孩子的人格，把孩子作为一个独立的人来看待。

- 理解孩子对一些事物的感受，对于孩子的一些要求，鼓励孩子说明要求的理由，是合理的应该满足，不合理的也要向孩子说明为什么不能满足。孩子每做完一件事情引导他说出自己的感受，并及时给予孩子肯定，让孩子明白这样做可以获得家长的表扬，这样孩子就乐于叙述自己做事的经过和感受了。

- 帮助孩子分析自己的情绪是好还是坏。对于孩子正面的经历和体验，应该给予表扬，使孩子获得自信心；对于负面的给予一定的同情和理解，使孩子从你的态度中获得鼓励和信心，也能经受挫折的训练。这样孩子就会有一个积极的情感。

- 平时培养孩子阅读的习惯，丰富孩子的“语言仓库”，教会孩子说话的技巧以及学习如何组织语言。孩子掌握了语言这个工具，才能乐于表达自己的感受。

例如，孩子在和小朋友玩时发生争执，打了小朋友。这时妈妈可以问他为什么要打小朋友，小朋友为什么哭，小朋友是不是很难过，他是不是也不痛快，他要是挨了妈妈的打是不是也很难过等，让孩子把自己的心里话说出来。有可能打架的对方是挑衅者，通过妈妈的启发，让孩子学会宽容和理解别人，明白如何处理与小朋友的关系，也能学会如何说出自己的感受，使他以后能够正确地把握住自己。

孩子过于谨慎怎么办

Q 女儿只有2岁3个月，但是从小对人、对事就非常谨慎。比如，见到我的同事，她总是以审视的眼光看人。公园里孩子们喜欢玩的游乐器械，她就是不肯玩。一次，有个家长问她为什么，她说怕摔着。作为家长，我们一直鼓励她，但也没有强迫过她。她的这种情况是否正常？

A 孩子出现这种情况，我们可以从两方面来分析。

一方面，要从孩子的气质来谈。孩子出生时已经具备了一定的气质特点，这些特点在婴幼儿时期基本是稳定的。气质一般分为四种：抑郁质、胆汁质、黏液质和多血质。偏于抑郁质的孩子对待任何一件事物，其心理表现是敏感、畏缩、孤僻的。当然气质也不是不变的，因为人的高级神经活动的特点是具有可塑性的，所以孩子的行为模式是可以改变的。后天的影响对孩子的气质改变起着很大的作用，因此需要大人正确地对待孩子的气质特点并针对其进行培养和教育。对于抑郁质的孩子应该格外细心照料，多加鼓励，尤其是到一个陌生的环境或与陌生的人交往时，家长更需要给予额外的关注，不可操之过急，允许孩子有一个慢慢适应的过程，让孩子建立安全感和信任感。一个鼓励的眼神，一个关切的动作，一句亲热的话语，对于孩子都是莫大的鼓舞。家长只要教育正确，孩子就能发展成有良好个性特征的人。

另一方面，要从家长的既往教育来谈。这么大的孩子本性是对外界好奇、好问的，他对周围的一切都会产生兴趣，愿意去探索，通过各种活动获得生活经验。孩子在探索过程中进行学习，并将这些信息储存在大脑里。由于孩子认知水平有限，往往自信心不足，如果家长过多干涉，或者平常家长害怕孩子出危险，经常给孩子消极的暗示，以及孩子看到某个危险场面以及家长恐惧的表情，都成为一种消极的经验储存在大脑里，再遇到类似的情况，孩子根据以往的经验和简单的思维，就可能表现出谨慎，畏步不前。这样会影响孩子认知水平的提高和人际交往的发展，所以家长应该好好检查自己，在孩子既往的教育中是不是不经意地流露出来这种情绪，潜移默化地影响了孩子。

孩子文静难道不好吗

Q 我的女儿3岁多了，平时很文静。一般她不参与孩子们的活动，总是一个人静静地在一旁观看，即使与小朋友一起玩，也从没有见到她与别人争抢什么，所以一点儿也不让我费心。可我的同事却说，太文静不利于她的成长，是这样吗？

A 孩子的天性是活泼好动的，尤其是幼儿时期，孩子对周围的世界充满了好奇心，喜欢去探索，喜欢到处摸摸碰碰。当小朋友一起玩的时候，可能会出现矛盾和争执，但孩子也在不断地发现问题、解决问题的过程中学会了勇敢面对困难，体验成功的喜悦，学会了人际交往的技巧。

孩子表现出与其年龄不符的文静，可能是受传统的教育观念影响。很多成年人喜欢文静和乖巧的孩子，尤其是女孩在人们的心目中更应该是这样的，因此孩子在家长和旁人的夸奖下就把文静乖巧的个性特征稳固下来，形成孩子个性的一部分。孩子这样文静乖巧，家长很省心，也就不会更多地去考虑应该如何引导孩子学会克服困难，体验成功喜悦和建立自信心，同时也忽略了孩子的心理感受。

有时候，孩子过于文静乖巧的背后是退缩和胆小，是对自己的不自信，这样不利于孩子的人际交往和个性的形成发展。因此，家长需要在日常生活中正确地评价孩子，鼓励孩子积极参与小朋友的各项活动，对于孩子在活动中表现出的积极态度给予表扬。即使孩子当时做得不理想，但是孩子参与了，做出了努力，就要给予积极的肯定。孩子在家长不断的鼓励和评价中，增强了自信心，将积极向上的个性稳定下来，成为孩子性格中的一部分，为以后孩子健康地、全面地发展打下良好的基础。

孩子过于活泼好动，是不是多动症

Q 11个月的宝宝做什么事都特别不专心，不管他在做什么，只要有人走动或说话，他就立即转头好奇地去看。孩子活泼得过了头，这是多动症吗？

A 多动症又叫注意缺陷多动障碍，主要表现为活动过多、注意力不集中、情绪不稳、冲动任性，并有不同程度的学习困难，患儿的智力正常或接近正常。多动症易发年龄为6～14岁，男孩比女孩发病率高。婴幼儿时期的孩子多动症可表现为不安宁，易激惹，过分哭闹、叫喊，饮食差，培养排便习惯和睡眠习惯均困难。

孩子的特点是好奇心强，外界的一切对于他来说都是新鲜的，这样才能通过他的感官捕捉到各种各样的信息，获得生活经验和技能。孩子的大脑就像海绵吸收水分一样，拼命地汲取周围世界的各种信息储备起来，这是孩子学习的一种方式。所以只要有动静，孩子就要去看，这说明孩子在捕捉信息，充实自己的大脑，是好奇心的表现。同时，由于孩子的神经系统发育不健全，观察事物都是不全面、盲目的，也因为孩子自制力差，容易受兴趣所左右，因此小婴儿的注意力集中的时间不长。另外，好动是婴幼儿的一个天性，而且婴幼儿的感情是外露性的，喜怒哀乐全表现在脸上和行为上。因此，家长要分清自己的孩子是正常的好奇心驱使的多动，还是患了多动症。

根据孩子多动的特点，家长应该让孩子多看、多听，充分调动和训练感觉器官，带婴幼儿到外界去，在玩中认识各种事物。孩子接触了丰富多彩的大自然，充实了精神生活，满足了好奇心，锻炼了观察力，同时也培养了他们的探索精神，为今后的学习与创造奠定了信息基础。

孩子特别任性怎么办

Q 孩子已经2岁多了，但是特别爱哭，不满足他的要求就大哭，常常能哭半小时，甚至躺在地上打滚。他对大人的要求常常以“不”来拒绝。由于有爷爷奶奶护着，我们也管不了，最终只能满足孩子的要求。这样发展下去，孩子会变成什么样？

A 2岁的孩子逐渐脱离养育者的帮助独立行动，语言有了较好的发育，能够比较好地表达自己的意愿，向别人提出自己的要求，并希望能够得到满足。同时，这个时期的孩子对世界充满了好奇，喜欢探索，但是以单向思维为主，因此常常表现以“我”为中心，不考虑别人，做事情只凭自己的兴趣和情绪，也不理解自己的行动会对别人产生影响。另外，幼儿的自我意识萌发，导致孩子特别喜欢说“不”来对待别人，尤其是心情不高兴时，别人越是要阻挡他，他就越是要动，甚至变本加厉。这说明孩子进入了第一反抗期。这个时期的幼儿特别喜欢按程序办事，万一程序少了一步，就得重来，家长说什么都不管用。这就是家长认为孩子难管、不听话、任性的原因。但是，虽然幼儿的行为有很多不妥之处，从发展的观点来说，却是孩子心理发展中的积极和进步的表现，标志着幼儿独立性、主动性和意志的发展。

也有一部分孩子由于家长娇生惯养或教育口径的不一致，使孩子养成了任性的毛病。在这里孩子的任性折射出家长不合理的教育手段。如此发展下去，孩子就会变得自私霸道，欲望膨胀，以后很难融入社会。对于孩子来说，因为欲望总是不满足，总爱发脾气，其实也是很痛苦的。因此家长不能溺爱孩子，孩子的任性也必须及时纠正。

对付孩子的任性，要具体问题具体分析。

- 如果是孩子出于对新事物好奇，要求自己去探索，这种看似任性的表现，实际上是一种良好的学习品质。家长不但要满足孩子的要求，而且要创造条件与孩子共同去研究和探索。
- 如果孩子的要求有其合理的一面，但是存在潜在的危险，由于幼儿思维的特点，他难以预见后果，家长可以采取兴趣转移法或冷处理的办法暂时拒绝他的要求，以后时机成熟再满足他的要求。

● 如果孩子的要求是错误的，危险性不大，可在大人的监督下，让他去尝试，体验挫折或失败，这也是孩子的一种学习方式。

● 如果孩子的要求是他日常活动规律的一个程序，那么应该尊重孩子的要求。如果有特殊情况，应该用孩子能够理解的语言向孩子说明白，杜绝简单粗暴的打骂，因为打骂更容易引起孩子的逆反心理，反抗性会变强。

● 家长教育口径要一致，即使意见不统一也不要在孩子面前表现出来，让孩子找到任性的理由。

● 家长要做出模范的榜样，给孩子一个正面的好影响。

● 家中定下的规矩，任何人不能违反。做不到的事情，家长不能随便给孩子许诺。

● 当孩子听从了大人的教导时，家长就要表扬孩子，以巩固孩子的自制力。

孩子自己吃饭吃不好，应该让他继续自己吃吗

Q 我的儿子1岁2个月了，最近吃饭总喜欢自己吃，喂他不吃，但是他自己吃得太少。我该怎么办？

A 孩子1岁多了，已经进入了幼儿期，喜欢自己去探索，处处愿意亲自动手，满足自己的一切需求，以便将来脱离养育者的照顾，成为独立的人。这是孩子生理和心理上的一个巨大的飞跃，也是培养孩子自己的事自己做的良好习惯的开始。家长应该鼓励孩子的这种尝试，尽管孩子做得不好，也许弄得到处都是饭菜，给大人添了不少麻烦，但这是孩子独立进食的开始，家长应该引导他迈好这一步。例如，吃饭前将孩子放在固定的场所，洗干净手。每次给孩子盛少量的饭菜，孩子不会使勺，用手也可以，让孩子能够很快地吃完，享受成功的乐趣，对自己能够进一步独立进食更加充满了自信。家长进而鼓励孩子学习使用吃饭的工具，例如家长先做出使用饭勺进餐的示范动作，让孩子模仿。刚开始，孩子可能使用不当，但是经过多次的体验他就会成功地使用进餐食具来吃饭了。自己吃饭是孩子走向独立的开始。如果孩子自己吃饭吃得少，家长不妨和孩子进行吃饭比赛，有意识让孩子先吃完，成为优胜者，这样孩子就

能吃得多了。

家长切忌为了吃饭环境干净，粗暴地阻止孩子自己吃饭而改由大人喂饭，使得孩子依赖大人。更不能为了孩子多吃就到处追着喂孩子，养成孩子不良的饮食习惯，有损于健康。

习惯性地帮助孩子好不好

Q 我的孩子快3岁了，平时做任何一件事时，每到关键时刻，我总爱帮助孩子一把。别人说我这样做不好，可我觉得孩子还小，也有些笨，不放心他自己做。真不能这样帮助孩子吗？

A 孩子学会了行走之后，开始有要求独立的意识，他们有了个人的爱好，愿意努力自己做事，并且开始不愿意受大人的控制，这是孩子成为一个独立个体的开始。但是，由于孩子认知水平有限，往往事与愿违，因此家长会不放心让他独自做，而过多地照顾孩子或者阻止孩子做一些事。当孩子遇到困难时，家长不是鼓励孩子想办法去克服困难，而是直接帮助孩子去做。这样会造成本来应该掌握的技能，孩子没有学会；本来孩子能够自己独立完成的事，却因为大人的帮助，而失去了努力的机会；本来遇到挫折应该克服，却由于家长的帮助而学会了放弃。如果家长总认为孩子笨，可能在语言上和行动上对孩子采取了否定的做法。其实不见得是孩子笨，而是因为家长不创造机会让孩子进行学习和体验造成的。父母在一些不经意的帮助或限制中，挫伤了孩子探索的积极性和独立的意识，使其产生了依赖的心理，同时也挫伤了孩子的自尊心，造成今后他在处理一切事务时只会认为自己无能，而不愿意去尝试。这样的孩子会成为一个不负责任的人。

爱孩子就要放手，让孩子独立去做力所能及的事情。当孩子遇到困难时要鼓励孩子，与孩子一起去找克服困难的办法，同时教会孩子一些生活技巧，让孩子做自己生活的主宰。当孩子不听家长的正确劝告时，只要没有危险，不妨让孩子去尝试，挫折或失败也是孩子需要储存的一种经验。

孩子为什么会打骂布娃娃

Q 我的孩子从小是由爷爷奶奶照看着的，3岁后从乡下回到我这儿。最近我发现这个孩子经常打布娃娃，一边打一边说："谁让你不听话，打死你！"孩子怎么会这样呢？

A 孩子之所以会有这些举动，一是因为长期和父母分离，而老人比较娇惯孩子，使孩子任性成为"小霸王"，养成暴虐的性格，不懂得同情别人；二是因为孩子长期缺乏父母、亲人的关怀和爱抚，养育人对孩子平时过多的打骂、忽视、冷漠，使孩子合理的需求得不到满足，养成了孤僻、抑郁、胆小、不信任人的性格，有的孩子甚至模仿成年人对玩具、小动物进行虐待，以达到心理上的满足；三是因为孩子受生活环境的影响，耳闻目睹暴力的场面，由此形成怪异的行为。

孩子生下来就具有情绪、情感。情感直接指导着孩子的行为，促使孩子去做某种行为或者不去做某种行为。善良和体贴是孩子的天性，善良的情感是人性的具体体现，也是人道主义的核心。如果后天得不到很好的教育，善良的情感就会消失。同情心必须从小培养，只有善良的孩子才能怀有同情心，才能发自内心体验别人的情绪，并能够从细微处察觉他人的需求。这样的孩子有良好的人缘和人际关系，能够成为社会上的佼佼者。

如果孩子出现缺乏同情心的表现，建议家长多给孩子一些关爱，满足孩子情感上的需求，带着孩子参加一些公益活动，为他人多献爱心，让孩子多接触善良的、友爱的、正义的一面，使孩子在帮助别人的行动中体会到快乐的情感。孩子赢得了别人的赞誉，也拥有了一颗美好的心灵。

CHAPTER 6

社会性发展

孩子被抢了玩具不知道反抗是懦弱吗

“

Q 儿子1岁零6个月，与大他9个月的堂姐在一起时，喜欢自己玩。堂姐常常推搡他并抢他的玩具，奶奶在旁教我儿子回击堂姐，告诉他怎么抢回玩具，但他不敢动。我特意在他受气时走开，他依旧原地大声哭叫，不知反抗。我的儿子是不是太懦弱了？

”

A 随着孩子认知能力的提高、语言能力的发展，以及活动范围的扩大，孩子逐渐开始和同伴以及其他成年人交往。1岁左右的孩子喜欢看同伴玩耍，不过大家各玩各的，互不理睬，偶尔互相触摸、微笑和短暂的注意。随着年龄的增长，2岁以后孩子之间的交往就开始了，同伴间有了应答的性质，出现了互相注意、给取玩具，甚至模仿动作。3岁左右孩子又发展了同伴间的合作、互补和互惠行为。

孩子因为才1岁多，不会和其他小朋友一起玩，只是留心和注意其他小朋友，因此当别人抢他玩具时，他不知道如何反抗和守护住玩具。而小姐姐比他大9个月（2岁3个月），已经懂得与其他同伴玩耍，但没有物权观念，也不懂得分享。她认为只要自己喜欢，物品就应该给自己。由于语言表达能力还跟不上思维的发展，姐姐更多的是使用肢体动作来达到自己的需要，因此就出现了姐姐推搡弟弟并抢夺弟弟的玩具，弟弟还不会保护自己的情况。这时家长需要正确引导，才能让他们玩得都愉快。

家长可以按以下方法做。

- 为孩子创造与其他小朋友接触的机

会，并引导孩子与小朋友一起玩，但不强迫孩子，因为1岁多的孩子从心理发育角度上讲还没有发展到与他人一起玩的概念。

- 应该开展对两个孩子的物权教育，明确告诉孩子，自己的物品自己要保护好，别人无权动用；别人的物品也不能随便动，即使要动也必须先征得别人的同意。

- 对于2岁多的小姐姐，家长应鼓励她在交往过程中多用语言表达自己的需求，尽量减少肢体的冲撞，鼓励孩子友好合作地交往。

- 当孩子发生冲突，弟弟还没有能力保护自己时，家长要适当介入，告诉小姐姐不要抢弟弟的玩具，更不能打弟弟。如果打弟弟，就不能一起玩了。这样两个孩子在玩的过程中就学习了一些交往的技巧。

- 父母的社会交往行为直接影响着孩子交往能力的优劣，因此父母必须做个好的表率。

- 杜绝以恶制恶的错误做法，这种做法会助长孩子的暴力倾向。

孩子只有在不断的交往中，通过在不同的场合面对不同的矛盾和冲突，才能促进婴幼儿调整自己的社交行为，促使社交行为向友好和积极的方向发展。

教孩子把玩具抢回来好不好

Q 女儿现在28个月大，在幼儿园的亲子班里，小朋友过来抢她手里的东西，她立即就松手。当她想要别人的东西时，就不会去抢，只好去找老师，要不然就发脾气。我教给她如何去小朋友手中抢东西，甚至给她做示范，她也不会。我这么做对吗？该怎么引导呢？

A 孩子刚2岁4个月，正处于自我中心化的思维阶段，缺乏物权观念或物权观念并不强。很多这么大的孩子都认为不管谁手里拿的玩具都是自己的，自己可以随便玩，所以小朋友就从别人的手里抢玩具。孩子不知如何和小朋友进行交涉，有时就会找老师（因为他认为老师有权威，小朋友都听老师的话），希望老师来帮助他；有时则会发怒。这么大的孩子不会理解别人的想法和感受，是心理发育局限所致，因此需要家长给予指导并鼓励孩子一起玩玩具或者轮流玩，告诉孩子：“幼儿园的玩具是属于大家的，如果你不玩可以让给其他小朋友，你玩另一个，然后你们再交换。”与老师沟通后，家长与老师可以一起有意识地引导孩子。而不能教孩子抢玩具，否则孩子会形成自私、霸道的性格特点，并喜欢以武力解决问题。经过家长耐心的引导，孩子多体验这种交往经历和成功的喜悦，就能掌握一些社交的技巧，为3岁以后学习合作游戏和进一步学会分享打好基础。

如何让孩子理解别人的物品不能随意动

Q 我的孩子已经2岁多了，近来总是将别人的东西毁坏。例如，前几天他将爸爸放在桌子上的书稿全用笔给涂了；小表哥到家里玩，他竟然将小哥哥的作业给撕了，搞得小哥哥大哭。他怎么就不知道这些不是他的东西，不能随意动呢？

A 2岁多的孩子是以“我”为中心：只要“我”喜欢的，“我”就能拿来；只要“我”想画，不管谁的本，“我”都可以乱画。他根本没有想到这是爸爸的东西自己不能画，这是哥哥的东西自己不能动。这是因为他还没有物权的概念，其责任在家长。

孩子应该接受物权和所有权的教育。两三岁正是物权和所有权开始建立的时候。每当给孩子买一件物品时家长都要告诉孩子，这是他的，并且给孩子留出存放自己物品的小天地，告诉孩子这块地方归他专用，使孩子感到自己是这些物品的真正主人，充满自豪感和责任感，还锻炼了孩子独立自主处理事务的能力。别人的东西也要告诉孩子，这是爸爸的，这是妈妈的，让他明白物品的所有者和“你”“我”“他”的概念。同时，家长要拿孩子的物品时，一定要经过孩子同意，也要告诉孩子拿别人的物品必须征得别人的同意。这样孩子就明白了别人的东西是属于别人的，自己没有权利去动，同样自己的物品，没有自己的同意也不能动。如果家长需要孩子的物品，一定要征求孩子的同意，暂时借用，记住归还，自觉地尊重孩子的物权。孩子不同意家长拿他的物品，一定不要强行拿。家长的典范作用会让孩子明白如何尊重别人的物权。

在孩子和别人尤其是小朋友的交往中，可能为了玩具互相之间发生冲突，家长也要不失时机给予教育，教导孩子轮流交换和尊重别人物权的观念，让孩子逐渐学会互换和互借，获得共同分享的快乐，掌握人际交往的技巧。家中也要定出规矩，不是自己的东西不能不通过大人自己拿。定下的规矩必须遵守，如果违反了就要受到惩罚，全家教育口径必须一致。

建立幼儿的物权观念，尊重孩子的物权，有助于孩子良好道德行为的建立。

孩子之间发生冲突怎么办

Q 我的孩子已经送到幼儿园，可是每次和小朋友玩时总是吃亏。我希望自己的孩子不被人欺负，于是告诉他：“小朋友打你，你就打他。”可是我的孩子依旧窝窝囊囊。我这样教育孩子对吗？

A 孩子1岁以后开始和其他的小朋友接触，在接触的过程中学习交往的技巧。家长在这个时候需要正确地引导，为孩子将来建立良好的人际关系打下一个坚实的基础。孩子的交往需要在公平条件下进行，但是现实交往过程中就有可能出现所谓的吃亏、占便宜、欺负、被欺负的问题。孩子通过自己吃亏或被欺负逐渐学会如何捍卫自己的权利，如何对付欺负人的孩子，如何公平地处理同伴之间的纠纷，获得了人际交往的经验。其实，有的孩子看起来好像是吃亏，在吃亏的背后也反映了这个孩子有一颗宽容、善良的心，不能说孩子是窝囊的。这样的孩子有好人缘，能够交得上好朋友。有的家长当自己的孩子欺负别人或占便宜时，视而不见，或者轻描淡写地批评，助长了孩子的坏习惯，那么孩子在和同伴交往的过程中，会渐渐失去友谊，甚至遭到同伴的排斥。这样的孩子很孤独，不利于孩子健康心理的发展。如果家长向孩子灌输以牙还牙的报复手段，不仅向孩子传递了暴力可以解决一切的错误信息，也助长了孩子的暴力倾向。

因此，家长需要注意以下几点：

- 用平常心对待孩子之间的纠纷，不要把自己的价值观强加给孩子；
- 孩子之间的纠纷由孩子自己解决，家长不要干涉，但是可以告诉孩子一些解决问题的技巧；
- 家长做出宽容、善良、尊重他人、助人为乐的表率；
- 教育孩子远离霸道的孩子，以减少不必要的冲突。

孩子为什么“看嘴吃”

Q **1岁5个月大的孩子在家里很挑食，也不好好吃饭，可是一到邻居家，就看着人家的饭碗，眼睛一动不动，十分乐意吃别人家的饭菜。我很纳闷，自己家的饭菜也不差，孩子为什么这样？要是邻居夸奖他吃饭好的话，他就吃得更带劲了，直吃到肚圆打嗝才肯罢休。**

A 首先，1岁多的孩子还没有“你的”“我的”观念，也就是说没有物权观念，他的思维还是以“我”为中心。他认为属于邻居家的饭菜和属于自己家的饭菜是没有区别的，凡是他喜欢吃的，他都可以吃，所以“看嘴吃”就不足为奇了。其次，凡是孩子不熟悉的食物都能引起他的兴趣，产生品尝的欲望，也促使孩子“看嘴吃”。当然，邻居家做的饭菜可能确实与自己家做的花样和滋味不一样，因此引起孩子想吃的欲望。再加上邻居在他吃饭的时候，给予了及时的表扬，孩子就吃得更香了。因为幼儿的思维很容易受情绪的影响，如果遇到表扬，孩子的情绪愉快，他就乐于听话，而且让他干什么他就干什么。获得表扬的孩子当然吃得就更带劲了。经过几次吃邻居饭的愉快经历，孩子也就养成了“看嘴吃”的习惯。当然，这个习惯不是一个好的习惯，家长应该及时注意纠正。

提醒家长平时应该注意以下三点。

- 应该在日常生活中给幼儿进行物权教育，让孩子逐渐明白什么是“你的”，什么是“我的”；什么是“你家的”，什么是“我家的”；自己家的东西可以拿、可以吃，人家的东西是不能拿、不能吃的。这样随着孩子的发育，他就能逐渐学会尊重别人的物权。
- 在保证营养成分均衡和膳食配置合理的前提下，饭菜应该尽可能的花样翻新，口味多样化，这样才能使孩子有吃饭的欲望。
- 孩子进餐需要一个愉快的环境，因此在孩子吃饭期间，要尽量满足孩子的正当要求。当食欲不好的孩子在吃饭的时候有了一点儿进步，要充分肯定孩子，给予表扬，有助于孩子提高食欲，养成不挑食拣饭的好习惯。

孩子的玩伴是比他大的好，还是比他小的好

Q **我的孩子已经3岁了。现在很喜欢和小朋友一起玩，可奶奶不许他和大孩子玩，怕他们欺负我的孩子；也不让和小的孩子玩，说总让着他们，我们孩子会吃亏。我不同意奶奶的观点，可是我也说服不了她，这可怎么办呢？**

A 其实，孩子与比他大的孩子或比他小的孩子一起玩，对于孩子的社会交往发展和良好品格的建立都是有好处的。

当孩子与比他大的孩子一起玩的时候，大孩子成了他学习的榜样，他可以从中学到很多的知识和技能来丰富自己的生活阅历。同时，由于大孩子的帮助和照顾，孩子可以获得安全感，从而更好地建立良好的同伴关系，有利于孩子的人际交往。

当孩子与比他小的孩子一起玩时，自己会像小大人一样产生自豪感，会主动地照顾小孩，无形中增强了孩子的责任心。同时，这样做有利于孩子独立性的发展和移情的建立。孩子由被照顾转化为照顾别人，角色的转变，对于孩子心理素质的发展具有积极的意义。

在孩子与小朋友玩的时候，确实存在着奶奶说的被欺负和吃亏情况，这些情况同样也存在于成年人的社会中。但是，如果孩子从小缺乏这方面的锻炼，不能与比自己更强或更弱的人打交道，也不会帮助别人，那么他就不能从自己的付出中获得社会的尊重和自己的幸福。

所以，家长应该让孩子和不同年龄的孩子玩。

孩子不知道分享怎么办

Q **我的孩子快2岁了，平时表现得很自私。什么好吃的东西常常自己独享；小朋友来到家中，他的玩具从来不能给别人玩，但他到别人家中只要他喜欢的玩具就抢到手，从来不知道分享。这可怎么办呢？**

A 孩子1岁以后基本是以自我为中心，还不会分享。家长应该给1～3岁的孩子进行物权教育，让孩子明白自己对玩具和物品是拥有物权（拥有权）的，是可以按照自己的意愿自由支配的。同时也要告诉他，别人的东西是属于别人的，在没有得到别人同意时是不能拿的。孩子只有明确物权，拥有了物权意识以后才能够谈分享，因此明确物权是以后学习分享的前提。

分享是指将自己喜爱的物品、美好的情感体验以及劳动成果与他人共享的过程，是孩子以后亲近群体、克服自我为中心的一个有力手段。分享意识和分享行为的发展是幼儿社会性发展的一个重要方面，同时幼儿分享意识与分享行为的发展也是幼儿建立良好的伙伴关系、形成健康个性的基础。

在日常生活中，家长在肯定孩子物权的同时，也要通过自己的一些分享行为给予孩子潜移默化的影响。这就要求父母要以身作则，时时处处做出表率，如家里好的食品或者物品大家共同分享等。如果祖孙三代一起生活，就要尊老爱幼。同时，家长言谈话语中不能给孩子灌输自私的观念。父母如果做到先人后己，孩子以后就会模仿。平时，家长应有意识地把自己看到的或听到的一些较有意义的事讲给大家听，让孩子和家人一起分享快乐和忧伤，使孩子在潜移默化中获得情感上的分享。家长还要创造机会让孩子多和小朋友接触，在一起玩时，要告诉孩子这个玩具是属于他的，他可以和小朋友交换着玩，玩后要把对方的玩具还回去。当孩子大方地拿出自己的玩具让大家玩时，父母要及时给予表扬，强化孩子的这个行为。孩子逐渐学会了物质上的分享，并体会分享的快乐，也初步地学习了人际交往的技巧和利用玩具进行交往的方法。

让孩子学习分享，也要尊重孩子的意愿，不能强迫孩子进行分享，这样孩子就体会不到分享后的愉快体验，反而让他时时处处充满了危机感。强迫孩子分享，长期发展下去危害不小。这样的孩子不懂得如何去维护和珍惜自己的权益，也不会去争取自己应该获得的权益，或者由于分享而产生的危机感和不安全感会促使孩子更加自私，占有欲过强，遇到一些利益问题时往往过于计较，从而失去朋友和他人的信任，不能建立良好的人际关系，因而会处于孤立无援的地步。

平时，孩子将他的食物给家人分享时，家人一定要接受，并且及时夸奖孩子分享做得好，而不要边赞美边拒绝，然后表扬孩子做得好。如果家长拒绝了，几次以后，孩子会认为这是个形式，大人并不会吃。如果某个时候家长真吃了，孩子就会接受不了而哭闹或大发脾气。

另外，几个孩子在一起玩，通常会发

生争抢玩具的事情，这个时候大人不要过多地参与，先让他们自己解决。父母也不要给孩子灌输“这玩具很贵的，不要让别的小朋友玩”这种思想，很容易让孩子不肯分享。如果孩子还是很自私，不愿意将自己的玩具和食品与大家分享，家长可以买来孩子非常喜欢的食品，当着孩子的面告诉他：“这种食品是我喜欢吃的，只能我自己吃，因为宝宝就是这样做的。”孩子享受不上美味时就会认识到得不到分享是痛苦的，孩子就会明白自己原来做得不对，这也是一种移情教育。当孩子认识到自己原来做得不对时，家长再将美味的食品分享给孩子，让孩子体会到分享是一件美好的、快乐的事情。当然，对于孩子特别喜欢的玩具也应该允许孩子暂时保护，不能要求孩子什么都分享。

孩子学会分享需要一个循序渐进的过程，也就是需要有一个认识的过程，家长不要操之过急。

孩子“人来疯”怎么办

Q 我的孩子已经2岁多了。近来由于工作关系，有不少人来家中拜访。在我和客人谈话时，孩子不适宜地表现出“人来疯”，影响大人之间的谈话。当着客人面我也不便发作，有的时候来的是熟人，我就打他手，结果孩子大哭，我和客人也很尴尬。这该怎么办?

A 孩子出现“人来疯”是有原因的：一是因为孩子已经2岁了，随着自我意识的增长，他希望有人注意自己，为了证明自己的存在就想出闹的办法；二是孩子可能属于多血质外向型，活泼且表现欲很强，很喜欢在别人面前表现自己，但是由于不能很好地掌握尺度，也就有了如此的表现；三是由于家中的生活很寂寞，而孩子又喜欢探索，对外界充满了好奇，刚开始学习与人交往，不能很好地掌握交往的手段，家里来了客人就出现“人来疯”的现象。孩子这样做不是有意的，完全是缺乏生活经验，不能控制自己的缘故。所以，当家长这样当着客人的面惩罚孩子时，孩子觉得很没有面子，会感到羞愧甚至会反抗。孩子是无辜的，也有自尊心，需要别人尊重他的人格。

家长平时可以多带孩子与外人接触，教给孩子待人接物的一些礼仪和技巧，如经常去公园、郊游、听音乐会、看儿童剧的演出，丰富孩子的生活，以满足孩子的好奇心和探索的欲望。家长和孩子也可以一起模仿剧中的表演，来训练孩子，并且告诉孩子如果客人来了，就这样表演，大家会非常喜欢的，满足了孩子的表现欲，也让孩子明白当客人拜访时自己什么样的表现妈妈是喜欢的。当家里来了客人，家长要让孩子学会向客人问好，并且给孩子一个他喜欢的玩具或书，告诉孩子先到别的屋玩去，大人要说事，一会儿客人再看他的表演，这样孩子就会很高兴的。当然家长和客人谈完事，一定要让孩子进行表演，及时给予表扬和鼓励。这样孩子就明白了什么样的表现是好的，妈妈是喜欢的。既给足了孩子面子，也满足了孩子的表现欲，孩子也就学会了如何正确地接待客人。如果孩子仍然表现得“人来疯”，家长可以告诉他“妈妈喜欢××小朋友，因为他在客人来时很有礼貌”，然后就不要理他。如果家长总注意他或者指责他，反而强化了他“人来疯”的行为。客人走后，家长要对孩子进行惩罚并指明惩罚的原因，逐渐纠正这个不好的行为。

如何培养孩子逆境商

Q 我女儿已经3岁了。近来我特别关注早期教育的书，并学习如何教育孩子。我看到有关EQ、IQ、AQ的报道。我知道EQ是情商，IQ是智商，AQ是逆境商，前两个名词有关的书籍多见，但是关于AQ知道得不多，为什么现在强调这方面的教育呢？

A AQ就是逆境商或挫折商。简单来说，当面对逆境或挫折时，不同的人产生的反应也不同，这种反应的能力就叫逆境商（挫折商）。它只有定性，没有量化的指标。在具有相差不多智商和情商的条件下，逆境商对一个人的人格完善和事业成功起着决定性的作用。

高逆境商的人在面对逆境时，始终保持上进心，从不退缩，他们会把逆境当作激励自己前进的推动力，能够发挥最大的潜能，克服种种困难，获得成功。低逆境商的人在困难面前，看不到光明，于是败下阵来，一事无成。一个人事业成功必须具备智商、情商、逆境商这3个成功的因素。高智商的人并不意味着事业成功，智商平平，却因为有高情商、高逆境商的人反而事业有成。

高逆境商必须从小培养。如果孩子受到家长过分的呵护和溺爱，他们就不懂得爱惜，不懂得奋斗，更不懂得关心别人。他们喜欢物质享受，听惯了表扬，只爱自己，不理解别人，在成长的过程中，一帆风顺，没有经过任何困难、挫折。因此，当孩子进入社会后，他们不能面对残酷的竞争，在困难和逆境面前会败下阵来，这不能不说是我们教育的失败。那么我们怎样做，才能培养高逆境商的孩子呢？

- 让孩子从小学会等待。当孩子7～8个月大，有一定要求时，我们就要趁机让孩子学会等待。例如给孩子吃奶时，告诉孩子奶凉了才能吃；孩子学习精细动作时，给孩子一块包糖纸的糖，告诉孩子自己剥开才能吃到糖；去商店买东西或排队上汽车，告诉孩子必须遵守规则排队才能达到自己的目的。

- 让孩子从小学会做事善始善终。无论孩子做什么事，必须要善始善终。如果是玩玩具，那么过后就一定要分类放回原处，不能有任何理由不去做。如果有的事孩子完成有困难，家长可以和孩子一起做。当孩子克服困难完成了，家长一定要给予表扬，来巩固这种行为，形成好习惯。

- 让孩子从小学会言必信，行必果。当孩子小的时候，大人做事或答应孩子的事，一定要信守诺言。当孩子3～4岁时，家长除了要做出诚信的榜样，也要教育孩子信守承诺。凡是答应小朋友的事，不管遇到什么问题也要履行承诺。但是，由于孩子的思维局限性，家长也要适当地提醒和协助孩子。

- 让孩子学会保持愉快乐观的情绪。让孩子保持每天都有好心情，除了给予孩子爱以外，家长还应该有适当的惩罚手段，不能使孩子养成任性、自私、怕苦、怕累的坏习惯（实际上这也是一种挫折训练）。当然，这一切必须从小定下规矩，让孩子遵守。还要鼓励孩子讲出每天、每件事的感受，对于积极的情感给予赞扬，对于消极的东西给予疏导。保持终日的好心情有助于孩子的身心发展。

- 让孩子从家长的态度中学到自信。鼓励孩子自己处理自己的事情。经常交给孩子一些完成有一定困难的任务，给予孩子充分的信任，即使做坏了或者造成一定损失，家长也应该鼓励孩子，积极帮孩子找出问题所在，再重新开始。家长的信任，成就孩子的自信。

- 告诉孩子想要什么，必须依靠自己的付出和努力才能得到。当认为孩子的要求是合理的，家长就要给孩子提出，要想得到这个东西，就必须付出。只有经过孩子努力获得的东西，才是最好的，也是他最珍惜的。

- 鼓励孩子的进取心。我们交给孩子一项任务，不但希望孩子能够完成，而且希望他能有所创造，不仅满足于取得的成绩。因此，向孩子交代任务时，家长也要诚恳地说自己希望他比从前做得更好。例如：“你今天用积木搭的小房子非常漂亮，可惜被小朋友玩塌了，还能搭一个比这个更漂亮的吗？让小朋友也学学！”

经过这些训练的孩子，提高了逆境商，使得他以后在困难面前，有着一股坚忍的意志，能够最大地发挥自己的潜能。

为什么孩子动不动就打人

Q 我的宝宝快3岁了，只要不高兴或者他的要求没有满足，举手就打人。有的时候奶奶还在旁边笑着说：“这个孩子以后受不了欺负。”孩子听了就更来劲了。现在他打人都成了习惯，我急了会打他，可是没有效果。我该如何教育他？

A 孩子总打人，责任在大人。因为孩子自出生以来，对周围世界充满了好奇，并通过他们的感知器官不断地观察大人，向成人学习，提高自己的认知水平。家庭是他学习的第一课堂，家长是他学习的第一任老师。孩子的学习方式之一是模仿，而家庭成员首先就是他模仿的对象。当孩子看到家中有人打人或者其他人有这种动作时，孩子就会去模仿打人。孩子初次打人的动作发生后，如果家长不及时去制止，以后遇到相同的情景，他还会重复这个动作。如果孩子通过打人达到他的需求时，更助长了孩子的这个行为。也有的家长逗引孩子去打人或是被孩子打后大叫，都会强化孩子打人的行为。经过多次重复，这种行为就会固定下来成为一种习惯。对于孩子的这种行为，我建议家长可以按如下方法做。

- 家庭的认识要一致，否则亲人的纵容会助长孩子以势凌人、霸道的恶习。

- 教育孩子不是儿戏，在孩子面前家长应该做出榜样。你要孩子成为什么样的人，家长首先应该成为什么样的人。

- 孩子打人以后必须要求他向被打的人道歉，同时告诉他，妈妈因为他打人很不高兴，而且被打的人是很痛的，有什么不满意的可以向妈妈说，就是不能打人。这样孩子就会明白因为自己打人，妈妈不高兴，打人是不对的，是需要道歉的。家长要坚持这样做，直至孩子的这个行为逐渐消退乃至消失为止。

- 当孩子有需求或者受到委屈时，家长要引导孩子倾诉，让孩子不满或者愤怒的情绪得以宣泄，然后家长再给以安慰。与此同时，家长也要表扬孩子的控制能力，这样孩子才会知道怎样控制自己情绪才是正确的，别人才会喜欢他。

● 如果孩子仍不听话，就要采取惩罚手段，例如不带他参加最喜爱的活动或不给他买喜欢的玩具。明确地告诉他，就是因为他打人，妈妈才这样做的。这样孩子就知道因为打人才受到惩罚，促使他以后约束自己，不再犯这个错误。

为什么孩子的举动跟他的性别不符

Q 爷爷奶奶没有孙女，所以喜欢给我的儿子打扮成女孩的模样，导致他特别喜欢穿花裙子、扎辫子，甚至喜欢擦胭脂、抹唇膏。这样好吗？对他的发育会有影响吗？

A 2～3岁的孩子开始注意男女身体上的差别，过了3岁，孩子就已经认识男女的差别，并且对异性有着特殊的喜爱心理，这就是心理学上的性蕾期，是性心理发育的萌芽。这时，男孩和女孩会一起玩“过家家”，扮演爸爸和妈妈，一起睡觉，有了自己的“小孩”。小孩子的心理已逐渐建立男女性别的差别和男女相配的想法。性蕾期的孩子，除了照样喜欢父母双亲之外，男孩特别喜欢与母亲接近，而女孩喜欢向父亲撒娇；父母也跟着做出反应，袒护和偏爱异性子女。这是孩子性心理发育的必然阶段。

由于种种原因，有些孩子没有顺利度过这个阶段。假如这个阶段缺乏与同性接触的机会，特别是失去向年岁大的同性模仿的机会，孩子性心理的发育会受到妨碍。有的男孩像女孩一样喜欢穿花衣裙，说话和举止也和女孩一样；女孩则像野小子一样登梯子、爬墙头，说话愣头愣脑。没有按照自己的生理性别来发展性心理的人，将来结交异性时，就会发生潜在性的问题，如对男女关系的交往缺乏信心，恐惧害怕，不敢问津异性关系，甚至出现性心理变态、异性癖等。

孩子是什么性别就是什么性别，如果是男孩，就应该培养男孩的阳刚之气；如果是女孩，就要培养女孩文静贤淑。同时，家长也要开始教会孩子一些保护自己身体的意识。

如果孩子已经混淆了自己的性别，家长必须及时给予扭转，如让同性别的人多带孩子，结交一些同性朋友，买一些这个性别的孩子应该玩的玩具。给孩子正常的性别教育，让孩子的性心理健康地成长。

孩子就喜欢在外面玩，不愿意回家怎么办

Q 我的孩子已经10个月了，特别喜欢到院子里玩，每次只要往屋外走，他就特别高兴。可每次玩完往家走他就大哭大叫，如果不回去了，马上破涕为笑，真让我没有办法。请问孩子这样表现好不好？我该如何做？

A 孩子进行户外活动是一件好事情，尤其对婴儿来说更是十分重要。首先，外出时可以进行空气浴，让孩子呼吸新鲜的空气，适应不同的气温变化，逐渐适应寒冷气候，有利于孩子的身体健康和呼吸系统的发育。其次，户外活动还能够促进婴幼儿各种感官，如视觉、听觉、嗅觉和触觉的发展。再次，户外活动开阔孩子的视野，有利于双眼的功能健全。户外五彩缤纷的世界使得孩子目不暇接，给孩子的大脑带来了更多关于新鲜事物的刺激，满足孩子好奇和喜欢探索的心理需求。户外活动使孩子接触各种各样的人，包括熟悉的、陌生的、年老的、年少的、男人或女人，增加了孩子和陌生人接触的机会，有利于孩子社会化交往的发展。最后，丰富的户外活动满足了孩子心理发育的需要，因而使孩子产生了极大的兴趣和愉快的心情，为孩子的学习提供了一个非常好的机会。所以，孩子喜欢户外生活是一件好事，当条件允许时，不要拒绝孩子。

家长带孩子外出时需要注意以下几个方面。

- 选择环境优美、空气新鲜的地方，不要带孩子去污染严重的地方或一些公共场所，避免交叉感染疾病。
- 户外是一个孩子学习的好场所，给孩子进行一些认知方面的训练，可以帮助孩子提高感官的功能，丰富孩子的知识仓库。
- 户外活动时，家长要遵守各种社会规则和道德规范，让孩子从小获得良好的道德情操的教育，有利于孩子全面素质的发展。
- 当因某些原因孩子不适合再在户外活动时，家长也要拒绝孩子待在户外的请求。对于小婴儿可以采取转移注意力的方法；对于幼儿，就需要告诉他回家的理由，不能迁就孩子。在某种程度上说，这也是教育孩子必须遵守规矩的一种训练。

孩子为什么会虐待小动物呢

Q 我的孩子出了满月就送到爷爷家，爷爷家的人际关系很复杂，叔叔不喜欢他，所以小小年纪的他就学会了见人行事。现在孩子已经3岁了，我把他接回来一起生活。我们家养了一只小狗，很温顺，可是他经常抓着狗就使劲地薅毛，还把小金鱼捞出来摔死，用羊肉串的签子扎小乌龟的头。他为什么会这样呀？

A 如果孩子在小时候喜欢虐待小动物并以此为乐，长大后往往具有暴力倾向，这个问题必须及早纠正。孩子出现虐待小动物的现象，可能源于以下几种情况。

出于好奇

这个年龄段的孩子认知水平有限，出于好奇，想看看这样做小动物有什么反应。有的孩子可能对小动物的叫声感兴趣，他不认为这是小动物痛苦的叫声，因为他的移情能力差，不会设身处地地替小动物着想。对于这样的孩子，家长应该告诉他："你这样对待小动物它会很难过的，因为你打它，它很痛。如果妈妈也这样打你，你是不是也很疼呀？你希望妈妈打你吗？"另外，家长还可以经常带孩子去动物园，让孩子看看饲养员叔叔如何喂养动物，也可以让孩子轻轻摸摸温顺的小动物，让孩子体会与动物和平相处的乐趣。这样孩子不但知道应该如何对待小动物，而且还培养了孩子的同情心，使孩子增长很多的知识。

感情的宣泄

孩子1个月后就被送到乡下爷爷家，叔叔又不喜欢他，在这种缺乏爱的家庭中，孩子得不到温暖，孤独和冷漠造成孩子心灵上的创伤，尽管小小的年纪却也会看人行事，真实的感情受到压抑。这种压抑的情感是要宣泄的，因此比他更弱小的动物就成了宣泄的对象。孩子在虐待小动物中显示自己的力量，获得感情上的满足。这样发展下去会造成孩子心理不健康。因此，家长要给孩子更多的爱，让孩子明白爸爸妈妈是真心地爱他的。每当孩子受到家长的表扬或批评时，都要让孩子谈谈自己的感受，允许孩子发泄自己的情感，发泄过后要给予引导。多和孩子做一些丰富多彩的亲子活动，让孩子的精力转移到其他更有趣的活动中去。

效仿大人

孩子年龄小，很多的生活经验是通过效仿大人获得的，不管好的坏的，照收不误。因此家长的行为规范对孩子的影响是很大的，所谓“近朱者赤，近墨者黑”正是这个道理。如果孩子从小生活环境里有人虐待小动物，就会对孩子起到潜移默化的作用。家长要注意孩子生活环境的净化和检点自己的行为，培养孩子同情心，让孩子逐渐明白动物是人类的朋友，大家应该和平共处。

如果家中饲养宠物，可以让孩子共同照料。在饲养的过程中，孩子逐渐学会体贴入微地关怀和照顾小生命。另外，家长还应明确告诉孩子，虐待小生命要批评和惩罚他，而且说到做到。相信孩子在家长的关爱之下，一定会热爱小生命的。

孩子为什么不会判断是非

Q 我的孩子快3岁了，有一次看到一只波斯猫，我问她：“这只猫可爱吗？”“不可爱，是只懒猫！”其实她没有见过这只猫，是我先生经常这样说。她的小堂哥哄着她玩，我随口就说了一句：“哥哥多好呀！”“不好！是讨厌鬼！”小堂哥很不高兴地走了，因为奶奶爱这样说堂哥。孩子怎么不会判断是非呢？

A 孩子在3岁以前判断是非是很困难的，因为这个阶段的孩子心理发育水平有限，还不能理解判断事物的好坏曲直。也就是说，孩子的道德观念是在3岁以后才逐渐产生，随着社会交往的增加，他通过对外界的学习形成自己的道德标准。3～4岁孩子判断事物是非的标准仍是以家中大人对此事物的态度、情绪、情感来作为参照物。只要是自己肯定的东西，他就认为是对的，只要家人认为错，他也会否定它。这个阶段的孩子对事物的认识还不深刻，概括能力差，往往是根据事情的表面现象和发展的结果去判断，还没有形成自己的是非标准，完全是家中大人带给他的影响。如果经常重复这些影响，就会逐渐稳定成孩子判断是非的标准。随着孩子认知水平的提高，社会经验的丰富以及思维水平的提高，孩子逐渐就可以形成自己判断是非的标准。

我们在对孩子进行教育时，要做到身教重于言教。有很多的教育是在家长言行中潜移默化地进行着，因此家长必须注重自己在家中的一言一行，给孩子树立良好的榜样。同时，家长时时处处要有一个正确地判断是非的观念，让孩子在大人的教育中掌握判断事物好坏的标准。家长不要把自己错误的观念强行施加给孩子，使孩子丧失自己判断事物的能力，否则孩子长大以后将很难适应社会发展。希望全家人统一思想，让孩子在是非道德观念上很快成熟起来。

让孩子学会赞美别人重要吗

Q 我的孩子已经2岁了，现在会说许多话。我知道要从小培养孩子赞美别人、欣赏别人，因为这是未来高素质人才的必备条件之一，有助于孩子情商的提高，将来能更好地适应竞争的社会。请问我具体该如何培养孩子赞美他人呢？

A 学会赞美和欣赏别人与提高孩子情商水平有很重要的关系。赞美和欣赏都是一种积极的情绪。学会赞美和欣赏别人就是学会找出别人的优点，无形中看出了自己的差距，这是一种潜在的动力，有助于自己进步。同时，由于孩子的赞美和欣赏，别人获得了鼓励，引起他人的好感，形成一种无声的凝聚力。

孩子要养成这种美德，就需要从小进行培养。孩子在3岁以前主要是在家庭中生活，因此家长就要注重孩子这方面的教育。首先，通过视觉和听觉，让孩子感受世间一切美好的事物，如颜色绚丽的图片，模样可爱、会发出各种声音的玩具，家中的陈设等。另外，家长要不时地用语言向孩子讲述一些美的东西，如：“看这个图片中的小姐姐多漂亮呀！”“老奶奶多慈祥呀！”即使孩子还不能理解妈妈的话，但是孩子通过眼睛看到的、耳朵听到的以及妈妈愉快的表情，便会感受到美的存在。随着孩子的生长发育，社会交往不断地扩大，生活经验不断地积累，在家长的帮助下，他应该开始学着找出家人和外人的优点进行赞扬。例如，让孩子对奶奶说：“奶奶做饭多累呀，我亲亲奶奶！”“奶奶做的饭多香呀，谢谢奶奶！”对邻居家的小姐姐说：“小姐姐的衣服真漂亮！”“小姐姐真干净！”因为2岁多的孩子主要是模式化学习，对事物的看法也只是局限在表面性和情绪性上，不可能会看到事物的本质，但是从这方面着手，让孩子先学会如何找出别人的优点（哪怕是表面的或带有情绪性的），孩子就会在赞美别人的行为中获得别人的喜爱。不仅如此，家长也要让孩子进行比较，鼓励他向赞美的人学习，久而久之这种良好的行为就会成为一种习惯固定下来，成为孩子个性中的一部分。随着思维水平的发展，孩子逐渐学会不但从外表赞美别人而且能够发现别人的内在美。当孩子道德观和价值观产生和发展以后，这种赞美和欣赏别人就具有了特殊意义。

参考文献

[1] 邵肖梅、叶鸿瑁、丘小汕主编：《实用新生儿学（第4版）》，人民卫生出版社，2011年。

[2] 胡亚美名誉主编，江载芳、申昆玲、沈颖主编，倪鑫执行主编：《诸福棠实用儿科学（第8版）》，人民卫生出版社，2015年。

[3] 世界卫生组织、联合国儿童基金会合编：《母乳喂养咨询培训教程（学员手册）》，北京大学医学出版社，1997年。

[4] 中国营养学会编著：《中国居民膳食营养素参考摄入量（2013版）》，科学出版社，2014年。

[5] 孟昭兰著：《婴儿心理学》，北京大学出版社，2001年。

[6] 陈帼眉著：《学前心理学》，人民教育出版社，2001年。

[7] 沈晓明、金星明主编：《发育和行为儿科学》，江苏科学技术出版社，2003年。

[8] 威廉·西尔斯、玛莎·西尔斯、罗伯特·西尔斯、詹姆斯·西尔斯著，邵燕美译：《西尔斯亲密育儿百科》，南海出版公司，2015年。

[9] 马克·维斯布朗著，刘丹、李东等译：《婴幼儿睡眠圣经》，广西科学技术出版社，2011年。

[10] 斯蒂文·谢尔弗主编，陈铭宇、周莉、池丽叶等译：《美国儿科学会育儿百科（第6版）》，北京科学技术出版社，2016年。

[11] 本杰明·斯波克著，罗伯特·尼德尔曼修订，哈澍、武晶平译：《斯波克育儿经（全新第8版）》，南海出版公司，2007年。

[12] 蔡荫玲、曾明贵著：《绝对强健宝宝牙齿》，江西美术出版社，2007年。

[13] 王思宏著：《绝对提升宝宝视力》，江西美术出版社，2007年。

[14] 北京市人民政府编：《急救手册（家庭版）》，北京出版社，2009年。

[15] 贾大成编著：《120医生教您学急救·家庭篇》，人民卫生出版社，2015年。

[16] 庞丽娟、李辉著：《婴儿心理学》，浙江教育出版社，1993年。

[17] 张泓、高月梅著：《幼儿心理学（修订版）》，浙江教育出版社，2015年。

[18] 霍华德·加德纳著，霍力岩、房阳洋等译：《智力的重构——21世纪的多元智力》，中国轻工业出版社，2004年。

[19] 王创新主编：《预防接种实用知识问答》，山东大学出版社，2011年。

[20] 罗凤基主编：《预防接种手册（疫苗篇）》，人民卫生出版社，2013年。

[21] Ronald E.Kleinman, MD, FAAP主编，Frank R.Greer, MD, FAAP副主编，申昆玲主译：《儿童营养学（第7版）》，人民军医出版社，2015年。

[22] 中国营养学会编著：《中国居民膳食指南（2016）》，人民卫生出版社，2016年。

[23] 中国营养学会妇幼分会编著：《中国孕期、哺乳期妇女和0—6岁儿童膳食指南（2007）》，人民卫生出版社，2010年。

[24] 苏宜香主编：《儿童营养及相关疾病》，人民卫生出版社，2016年。

[25] 简·卡珀著，雷丽萍、李海燕译：《大脑的营养》，新华出版社，2002年。

[26] 杨月欣、王光亚、潘兴昌主编：《中国食物成分表（第2版）》，北京大学医学出版社，2009年。

[27] 国家药典委员会编：《中华人民共和国药典》，中国医药科技出版社，2015年。

[28] 王晓川：《预防接种与原发性免疫缺陷》，《中国实用儿科杂志》，2010年3月第25卷第3期。

[29] 陈昌辉、李茂军、吴青、石伟：《婴幼儿腹泻病的诊断和治疗》，《现代临床医学》，2011年10月第37卷第5期。

[30] 中华医学会呼吸病学分会《雾化吸入疗法在呼吸疾病中的应用专家共识》制定专家组：《雾化吸入疗法在呼吸疾病中的应用专家共识》，《中华医学杂志》，2016年9月第96卷第34期。

[31] 中国孕产妇及婴幼儿补充DHA共识专家组：《中国孕产妇及婴幼儿补充DHA的专家共识》，《中国生育健康杂志》，2015年第26卷第2期。

[32] 中华医学会妇产科学分会产科学组：《乙型肝炎病毒母婴传播预防临床指南（第1版）》，《中华妇产科杂志》，2013年2月第48卷第2期。

[33] 中国营养学会：《中国0～6月龄婴儿喂养指南》，2015年。

[34] 中国营养学会：《中国7～24月龄婴幼儿喂养指南》，2016年。

[35] PEDIATRICS中文版“联合疫苗的应用及展望”。

[36] Atkinson W., Wolfe S., Hamboysky J.著，周祖木、陈恩福主译：《疫苗可预防疾病：流行病学和预防（第12版）》，人民卫生出版社，2012年。

[37] 段云峰著：《晓肚知肠：肠菌的小心思》，清华大学出版社，2018年。

[38] 国家卫生计生委：《国家免疫规划疫苗儿童免疫程序及说明 （2016年版）》，2016年。

[39] 中国疾病预防控制中心：《中国流感疫苗预防接种技术指南（2018—2019）》，2018年。

[40] 中国创伤救治联盟、北京大学创伤医学中心：《中国破伤风免疫预防专家共识》，《中华外科杂志》， 2018年第56卷第3期。

[41] 中华医学会儿科学分会免疫学组、中华医学会儿科学分会儿童保健学组、中华医学会儿科学分会消化学组、《中华儿科杂志》编辑委员会：《中国婴幼儿牛奶蛋白过敏诊治循证建议》，《中华儿科杂志》，2013年3月第51卷第3期。

[42] 中国妇幼保健协会：《新生儿皮肤护理指导原则》，2015年。

[43] 中华医学会儿科学分会儿童保健学组、中华医学会围产医学分会、中国营养学会妇幼营养分会、《中华儿科杂志》编辑委员会：《母乳喂养促进策略指南（2018版）》，《中华儿科杂志》，2018年4月第56卷第4期。

[44] 中国疾病预防控制中心：《肠道病毒71型灭活疫苗使用技术指南》，2016年。

[45] 中国疾病预防控制中心：《狂犬病预防控制技术指南（2016版）》，2016年。

图书在版编目（CIP）数据

张思莱科学育儿全典 ：图解珍藏版 / 张思莱著 . --
北京 ：中国妇女出版社，2020.5
ISBN 978-7-5127-1775-6

Ⅰ . ①张… Ⅱ . ①张… Ⅲ . ①婴幼儿－哺育－基本知识 Ⅳ . ① TS976.31

中国版本图书馆 CIP 数据核字（2019）第 242777 号

张思莱科学育儿全典（图解珍藏版）

作　　者：张思莱　著
责任编辑：王　琳　耿　剑
装帧设计：季晨设计工作室
责任印制：王卫东
出版发行：中国妇女出版社
地　　址：北京市东城区史家胡同甲 24 号　　　邮政编码：100010
电　　话：（010）65133160（发行部）　　　65133161（邮购）
网　　址：www.womenbooks.cn
法律顾问：北京市道可特律师事务所
经　　销：各地新华书店
印　　刷：北京通州皇家印刷厂
开　　本：185 × 260　1/16
印　　张：54.5
字　　数：880 千字
版　　次：2020 年 5 月第 1 版
印　　次：2020 年 5 月第 1 次
书　　号：ISBN 978-7-5127-1775-6
定　　价：169.00 元（全四册）